无废城市 共筑绿梦

老莞味 新故事

生态环境部华南环境科学研究所
东莞市生态环境局　主编
东莞市环境科学学会

·广州·

图书在版编目（CIP）数据

无废城市共筑绿梦：老莞味，新故事 / 生态环境部华南环境科学研究所，东莞市生态环境局，东莞市环境科学学会主编. — 广州：华南理工大学出版社，2024.12. — ISBN 978-7-5623-7916-4

Ⅰ.X705

中国国家版本馆CIP数据核字第2024CH2282号

Wufei Chengshi Gongzhu Lümeng：Laoguanwei,Xingushi

无废城市共筑绿梦：老莞味，新故事

生态环境部华南环境科学研究所 东莞市生态环境局 东莞市环境科学学会　主编

出 版 人：房俊东
出版发行：华南理工大学出版社
　　　　　（广州五山华南理工大学17号楼，邮编510640）
　　　　　http://hg.cb.scut.edu.cn　E-mail:scutc13@scut.edu.cn
　　　　　营销部电话：020-87113487　87111048（传真）
策划编辑：何臻卓
责任编辑：黄　勇
责任校对：梁晓艾　龙祈君　伍佩轩
插图制作：邵逸清
印　刷　者：广州小明数码印刷有限公司
开　　本：787mm×1092mm　1/16　印张：14　字数：171千
版　　次：2024年12月第1版　印次：2024年12月第1次印刷
定　　价：68.00元

版权所有　盗版必究　　印装差错　负责调换

编委会
Editorial Board

主编单位： 生态环境部华南环境科学研究所
　　　　　　东莞市生态环境局
　　　　　　东莞市环境科学学会

顾　　问： 温　勇　詹志薇　谢华斌

主　　编： 杨丽丽　黄　冰　张子萌　曹　灿

编　　委： 庄大雪　黄健生　任艳玲　高文梅
　　　　　　段振菡　余能文　胡小英　陈永亮
　　　　　　贺　框　刘武军　袁伟军　叶玉青
　　　　　　李莎莎　张琳玲　刘　丹　江　占
　　　　　　周海祥　黄凯华　张桂兰　叶绿萌
　　　　　　黄奂彦　林思含　钟烘军　欧阳婉雯
　　　　　　陈水程　袁伟峰

主　　审： 张明杨　杜建伟

前言
Preface

　　固体废物在人类的生产、生活和其他活动中产生,产生源数量众多、类型多样、性质各异。如果赋予固体废物生命,那它们就像是一个大家族,这个家族里的成员既血脉相连,又相互独立。人类在利用或处置它们的过程中,有时还会让这些成员协同合作以达到最优效果。人类城市的发展历史是一个不断演变和进步的过程,而固体废物随着人类社会的发展也一直在延续着自己的故事。

　　什么是"无废城市"?无废城市是以创新、协调、绿色、开放、共享的新发展理念为引领,通过推动形成绿色发展方式和生活方式,持续推进固体废物源头减量和资源化利用,最大限度减少填埋量,将固体废物环境影响降至最低的城市发展模式。"无废城市"是一种先进的城市管理理念,对系统解决城市固体废物管理问题、加快实现减污降碳、推动区域经济高质量发展、提升城市管理水平和人文素养具有重要意义。在"无废城市"的构想中,针对固体废物,"无"并非简单的缺失或不存在,而是一种积极源头减量、高效利用资源、安全无害处置的状态。

"绿",它不仅是自然色彩的象征和环保理念的体现,更是推动城市生态建设和绿色发展的重要力量,也是本书的主色调。"绿色工厂"是遵循绿色制造理念,通过采用一系列先进的技术和管理手段,实现生产全过程的绿色化、低碳化、循环化的工厂;"绿色能源"指的是太阳能、风能等可再生能源,有助于减少对化石燃料的依赖,可降低温室气体排放量;"绿色消费"鼓励人们选择环保、节能的产品和服务,减少对环境的不良影响;"绿色基础设施"包括城市公园、绿地系统、绿道网络等绿色开放空间,以及雨水花园、生态滞留池等绿色雨水基础设施……在人类未来城市绿色梦想中,城市将成为人类与自然和谐共生的典范,引领我们走向一个更加美好且可持续的未来。

"无废"是实现人类未来城市绿色梦想的重要理念及途径,同时也是一种目标。这种以"无"为目标的实践,实际上是在为未来的"有"——更加美好、宜居的生态环境和更加繁荣、可持续的社会发展——创造条件。因此，"无废城市"建设不仅是对当前城市环境问题的积极应对，更是对人类未来城市绿色梦想的深远布局，旨在持续提升人民生活的幸福指数。

2018年12月，我国"无废城市"建设试点工作正式启动。2024年1月，中共中央、国务院印发的《关于全面推进美丽中国建设的意见》提出要加快"无废城市"建设，到2035年实现"无废城市"建设全覆盖。

"无废城市"建设是一项系统的社会工程，需要政府、企业、个人分工协作，共同推进固体废物治理。

每座城市所处的发展阶段、禀赋条件和发展目标不同，面临的固体废物管理问题也不同，因此，"无废城市"建设的路径也需因时制宜、因地制宜。这与中国传统文化中的养生智慧恰好是相通的，即强调个体化、整体性和动态平衡，倡导通过辨证施治的方法，实现整体的和谐统一。

为了全面呈现城市发展与固体废物管理统筹融合的"无废城市"建设理念，本书依托具体实践案例，带领读者将目光聚焦到粤港澳大湾区的新一线城市——东莞市，让读者更生动、更深入地了解"无废城市"的相关知识。

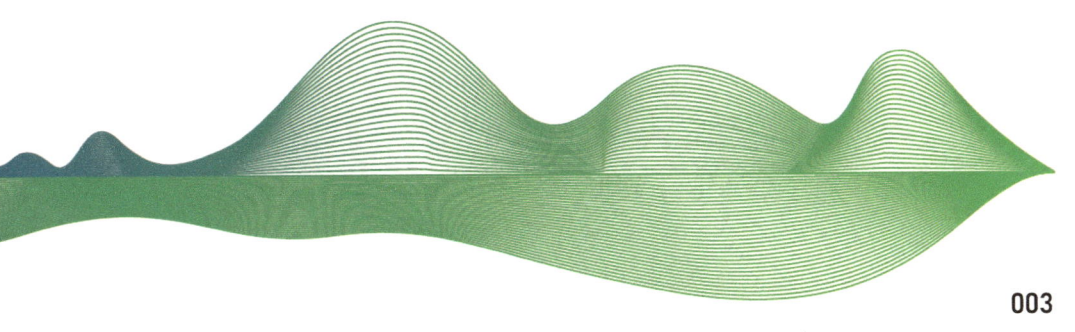

前言
Preface

东莞市为岭南古邑，是广东省历史文化名城、岭南文化的发源地之一。改革开放以后，东莞凭借优越的地理交通区位与显著的成本优势承接了港澳台与海外的产业转移，快速从农业社会转型为工业社会。从自发到有序，从农渔到科技，从百万人口到千万人口，从六亿GDP到万亿GDP，东莞经历了40多年的产城、城乡发展蝶变，最终成为屹立世界城市之林的制造名城。

随着经济社会的发展，尤其是制造业的发展，以及城市规模的不断扩大和人口的不断增长，城市固体废物产生量也不断变大，资源要素约束趋紧，可用土地资源和环境承载能力逼近极限，极大制约了城市发展，政府的生态环境污染治理任务艰巨且繁重。站在新的历史起点，东莞市亟需发掘产业升级、城市升级的新思想和新路径，在生态文明建设和生态环境保护方面，东莞市也需要锚定新目标、谋划新思路。

固体废物的减量化和资源化利用水平是国家进步和现代化水平的标志，对于一座城市而言同样如此。2022年，东莞市开展"无废城市"建设，为寻找城市发展瓶颈突破口带来新契机。

在系统谋划产城人有机融合、共生共荣的时代大背景下，东莞市以固体废物领域为切入口，推进社会治理体系和治理能力现代化，以高水平保护支撑高质量发展。通过整体推进工业、生活、建筑和农业等领域固体废物的源头减量、资源化利用、无害化处置和精细化管理，东莞市积极创建国家"无废城市"，经过近两年的实践探索，已逐步打造出"动静相宜、管服相济、数智相融、协同相汇"的东莞特色"无废城市"建设模式。

在一座探索建设"无废城市"的城市中，固体废物这个家族会如何"上演"精彩的剧本？他们和人类的互动演绎会迸发出怎样的火花？一座老城，如今焕发出怎样的新颜？这本书将带领读者徐徐拉开帷幕，了解关于"无废城市"的那些知识，体会一座城市的无废建设实践，探索"无废城市"建设的产业特色、人居特色和文化特色。

作为向导，东莞市生态环境IP形象——青甲小E将带领读者走进东莞市，品读老莞味，聆听"无废城市"的新故事。

我是青甲小E，请跟我走进东莞市，品读老莞味，聆听新故事吧！

目录 Contents

上篇 "无废城市"理念引领篇

第一章 "无废城市"概况

- 一 固体废物"家族成员" / 004
- 二 固体废物"行为准则" / 011
- 三 固体废物污染环境防治原则及理念 / 013
- 四 "无废城市"的国际探索与国内实践 / 022

中篇 "无废城市"实践探索篇

第二章 "无废"工业

- 一 "无废"工业领域的固体废物画像 / 034
- 二 传统产业与新兴产业的"无废"产业链建设 / 038
- 三 传统产业集群化发展与新兴产业"无废"园区建设 / 048
- 四 工厂多元化"无废"路径 / 057
- 五 工业固体废物利用处置途径 / 073

第三章 "无废"生活

- 一 "无废"生活领域的固体废物画像 / 080
- 二 城乡生活垃圾分类处理与利用 / 089
- 三 污水污泥的资源化与无害化 / 105
- 四 建筑垃圾再生利用与建设工程工地"无废"路径 / 108

第四章 "无废"农业

- 一 "无废"农业领域的固体废物画像 / 122
- 二 健全农业绿色发展体系，推广源头减量化生产模式 / 125
- 三 政府引导先行，构建农业废弃物规模化收处体系 / 132
- 四 农业废弃物资源化产品利用 / 134
- 五 农业废弃物无害化末端处置 / 143

第五章 危险废物风险防范

- 一 危险废物画像 / 148
- 二 利用危险废物资源属性实现循环经济发展 / 153
- 三 危险废物安全处置技术 / 157

第六章　城市多源固废，协同利用处置，闭环智慧监管

- 一　市级层面多源固废协同利用处置：产业发展良性互动　/ 162
- 二　镇级层面多源固废协同利用处置：综合性垃圾处理产业园　/ 168
- 三　城市多源固废闭环智慧监管　/ 170

下篇　"无废城市"场景应用篇

第七章　"无废城市"五大应用场景

- 一　"无废城市"建设公众参与十条　/ 180
- 二　"无废"场景应用　/ 182
- 三　"无废"场景延伸　/ 202

参考文献　/ 206

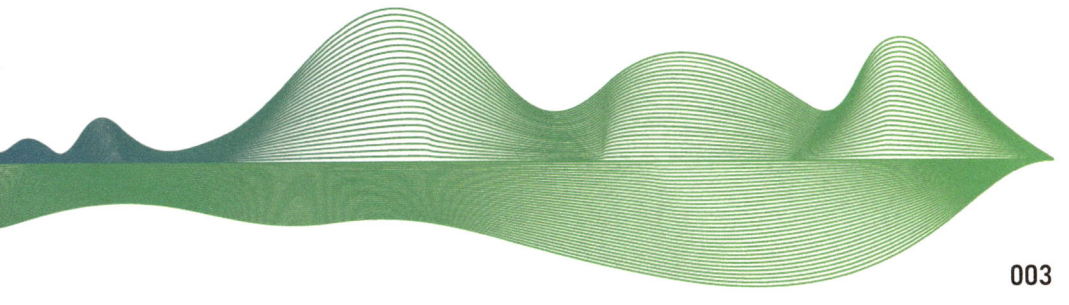

上篇

"无废城市"理念引领篇

在人类精彩纷呈的生产、生活等活动中，伴随着工业产品、食品、大楼、桥梁等人类创造的物质、物品一起，固体废物也"诞生"了。与传统城市相比，置身"无废城市"的情境中，我们会恍然发现固体废物不再被人"嫌弃"或"害怕"，在制度引领、科技创新的背景下，通过政府、企业、个人的多方努力，固体废物的产生强度在降低，我们也能更精准地掌握固体废物的每一步"行踪"，并且有更经济安全的举措让固体废物"有家可归"，有些固体废物甚至能华丽转身，变成我们赖以生存的资源能源。

第一章

"无废城市"概况

在《"无废城市"概况》这一章,我们将着重从以下方面进行介绍,了解固体废物与"无废城市"的相关知识与理念。

- 固体废物"家族成员"
- 固体废物"行为准则"
- 固体废物污染环境防治原则及理念
- "无废城市"的国际探索与国内实践

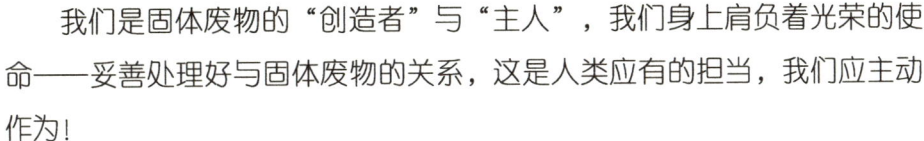

我们是固体废物的"创造者"与"主人",我们身上肩负着光荣的使命——妥善处理好与固体废物的关系,这是人类应有的担当,我们应主动作为!

一 固体废物"家族成员"

1. 固体废物定义

固体废物，是指在生产、生活和其他活动中产生的丧失原有利用价值或者虽未丧失利用价值但被抛弃或者放弃的固态、半固态和置于容器中的气态的物品、物质以及法律、行政法规规定纳入固体废物管理的物品、物质（图1-1）。经无害化加工处理，并且符合强制性国家产品质量标准，不会危害公众健康和生态安全，或者根据固体废物鉴别标准和鉴别程序认定为不属于固体废物的除外。

图1-1 固体废物定义

在我国，固体废物根据其危害性分为危险废物和一般固体废物，其中一般固体废物根据其产生源又可分为工业固体废物、生活垃圾、建筑垃圾和农业固体废物，特殊种类的一般固体废物包括产品类废物、包装废物和污水污泥（图1-2）。

图1-2　固体废物按危害性分类

除了按照危害性对固体废物进行分类外，不同固体废物还可按化学成分分为有机固废（如厨余垃圾、畜禽粪便、工业有机固废等）和无机固废（如废金属、废玻璃、无机废盐等）；按燃烧特性分为可燃固废（如废纸、废塑料、废机油等）和不可燃固废（如废金属、废玻璃、废砖石等）。单一种类年产生量在1亿吨以上的固体废物则称为大宗固体废弃物（包括煤矸石、粉煤灰、尾矿、工业副产石膏、冶炼渣、建筑垃圾和农作物秸秆等7个品类）（图1-3）。

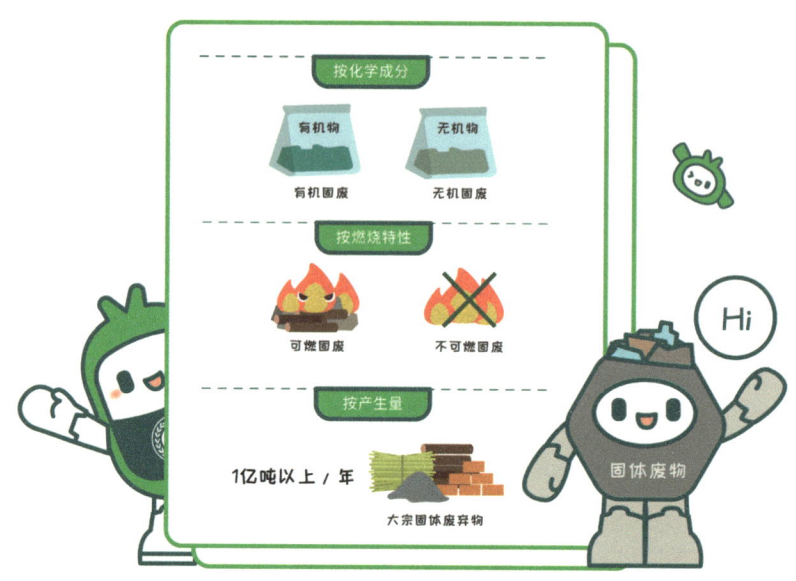

图1-3　固体废物的其他分类方式

知识链接

固体废物分类与代码

你知道吗？每类固体废物都有自己的"身份证号码"。为了推进固体废物规范化、精细化、信息化管理，国家制定并发布了《固体废物分类与代码目录》，按照"五大种类、三级分类"的框架，将工业固体废物、生活垃圾、建筑垃圾、农业固体废物、其他固体废物等五大类固体废物细分为35类200余种，基本实现了固体废物种类全覆盖，标志着我国首次对固体废物的种类进行细化，并对代码进行统一。危险废物的分类与代码按照《国家危险废物名录》执行。以电池为例，根据《固体废物分类与代码目录》，工业和家庭产生的废旧锂电池分别属于可再生类废物和可回收物，"身份证号码"分别为900-012-S17和900-007-S62（图1-4），而废弃铅蓄电池属于危险废物，"身份证号码"为900-052-31（图1-5）。

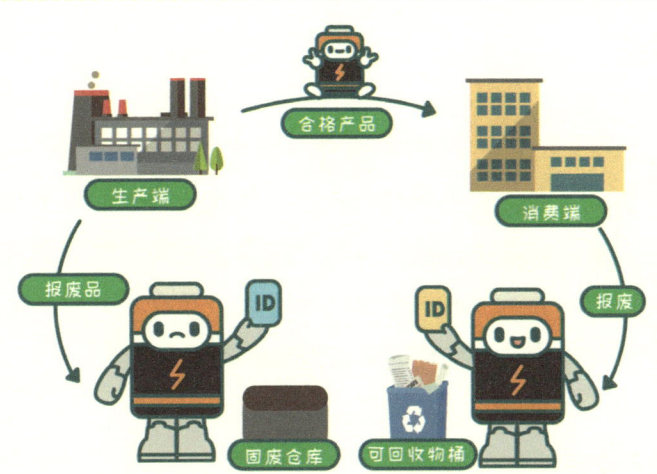

900-012-S17	废电池及电池废料。工业生产活动中产生的废弃磷酸铁锂电池、废弃三元锂电池、废弃钴酸锂电池、废弃镍氢电池、废弃燃料电池等废电池,以及电池生产过程产生的废极片、废电芯、废粉末及浆料、边角料等
900-007-S62	废电池。家庭日常生活或者为日常生活提供服务的活动中产生的废弃动力电池和家用电池,包括磷酸铁锂电池、废弃三元锂电池、废弃钴酸锂电池、废弃镍氢电池、废弃燃料电池等,不包括属于危险废物的废弃铅蓄电池、废弃镍铬电池、废弃氧化汞电池等

图1-4 废锂电池在《固体废物分类与代码目录》中的"身份证号码"

900-052-31	废铅蓄电池及废铅蓄电池拆解过程中产生的废铅板、废铅膏和酸液	T,C

图1-5 废铅蓄电池在《国家危险废物名录》中的"身份证号码"

2. 特性

在固体废物身上，我们看到了矛盾的对立统一。固体废物既是污染环境的源头，却也往往是富集许多污染成分的终极形态；既具有污染环境的特性，又具有资源化的潜力；既有成分单一的固体废物，也有成分复杂的固体废物。

（1）污染源头与终极形态

固体废物在环境污染中扮演着双重角色：固体废物若处理不当，其中的有害物质会通过渗滤液渗流、气体释放和土壤渗透等途径释放到环境中，成为污染环境的源头；另一方面，它又是众多污染源的终极形态，许多废水中的有害物质经过沉淀分离、有害气体经过净化处理，以及可燃固体废物经过焚烧后，最终都会转化为固体废物（图1-6）。

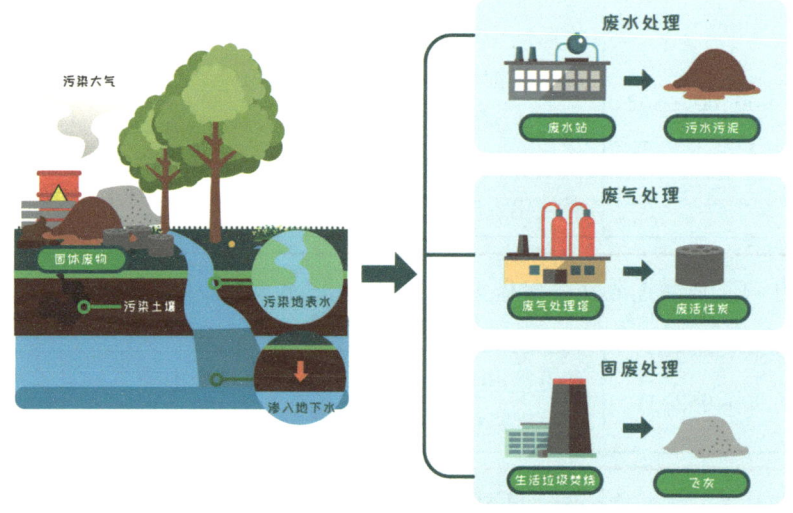

图1-6　污染源头与终极形态

（2）污染环境特性与资源化潜力

固体废物具有污染性，甚至可能含有毒性、易燃性、腐蚀性、反应性、传染性等有害物质；同时也具有资源性，在一定条件下，固体废物可以转化为有用的资源被回收利用。例如，粉煤灰可用来制砖，它虽然是燃煤发电厂产生的固体废物，但对建筑业来说又是一种有用的原材料（图1-7）。因此，我们在利用处置固体废物时宜采取综合性的策略，既要减少其对环境的负面影响，又要挖掘其潜在的资源价值。

图1-7 污染环境特性与资源化潜力

（3）单一性与复杂性

固体废物种类繁多，其成分可能较为单一，也可能非常复杂。成分较为单一或者多种成分特性相似的为单一固体废物，其来源比较明确，通常可以应用特定的技术手段进行处理。电子废弃物则是典型的复杂固体废物，含有塑料、金属、玻璃等多种成分，其主板、芯片里面还含有铅、镉、铍、汞和溴化阻燃剂等有害物质，须通过多种技术方法的组合应用才能实现复杂固体废物的安全利用处置（图1-8）。

图1-8 单一固体废物和复杂固体废物

知识链接

回收后的手机去哪了？

中国物资再生协会数据显示，我国平均每年产生废旧手机6亿至7亿部，推动手机以旧换新、循环利用的空间十分广阔。根据行业数据测算，"十四五"时期，我国手机闲置总量将达到60亿部，二手手机潜藏价值超过6000亿元。

废旧手机会流向哪里呢？目前，废旧手机循环利用途径有三种：状况较好的废旧手机会在维修、翻新后进入二手市场售卖；破损程度较严重的废旧手机则会被整机拆解，拆解后的芯片、电子元器件等可以被再利用于维修环节；一些老旧手机被拆解后产生的零部件和元器件无法被完整利用，可以破碎后进行材料化回收，从而提炼出其中的再生材料和稀贵金属（图1-9）。

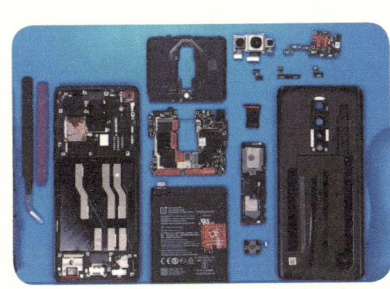

图1-9 废旧手机拆解利用

二 固体废物"行为准则"

你知道吗？在我国，固体废物也有自己的"行为准则"，那就是我国固体废物领域的法规标准体系。这是一个较为完善的系统，旨在规范各类固体废物从产生到处置的全过程（产生、收集、贮存、运输、利用、处置），保护和改善生态环境，防治固体废物污染环境。

《中华人民共和国固体废物污染环境防治法》（以下简称"《固废法》"）是我国固体废物领域的基本法律。该法明确了固体废物污染环境防治的基本原则、制度、措施和法律责任，为固体废物管理提供了法律基础（图1-10）。

图1-10 《中华人民共和国固体废物污染环境防治法》

我国坚持以"最严格制度最严密法治保护生态环境",突出严惩重罚,让《固废法》成为一部"长牙齿"的法律。这部法律于1995年10月30日在中华人民共和国第八届全国人民代表大会常务委员会第十六次会议通过,中华人民共和国主席令第58号公布,历经2004年、2020年两次修订,2013年、2015年、2016年三次修正。

我国固体废物领域的法规标准体系还包括行政法规、部门规章及标准规范,除此以外,国家及地方还会持续颁布与法规标准配套的相关政策文件。

知识链接

我国固体废物领域法规标准体系

我国固体废物领域法规标准体系中的最高层级为宪法中的环境保护条款,其次为全国人民代表大会及其常务委员会制定的环境保护法律、条款与国际条约等,再次为国务院制定的环境保护行政法规,以及地方性法规(不能低于国家标准)与部门规章、环境标准等。

三 固体废物污染环境防治原则及理念

1. "三化"原则

"固体废物污染环境防治坚持减量化、资源化和无害化的原则。

任何单位和个人都应当采取措施，减少固体废物的产生量，促进固体废物的综合利用，降低固体废物的危害性。"——《固废法》第四条

固体废物的"三化"原则是我国在推进"无废城市"建设中的核心理念，这一原则旨在推动城市固体废物管理和利用的全过程优化，实现环境保护和资源可持续利用的目标（图1-11）。

图1-11 固体废物"三化"原则

减量化：这一环节强调从源头减少固体废物的产生，通过优化产品设计、改进生产工艺、推广清洁生产和循环经济模式、倡导绿色消费等，减少资源消耗和废物产生。

资源化：指应当通过回收、再利用、再生利用等方式使固体废物转化或易于转化为二次原料或再生资源。资源化原则要求在物质、材料或产品成为固体废物之后积极采取措施，最大限度地发挥其利用效能，尽量防止固体废物过早地进入处置环节。

无害化：指应确保固体废物在无法资源化利用时，能够得到安全处置，避免对生态环境和公共健康造成危害，其内涵也包括对无害化过程中产生的废水、废气进行处理以防止二次污染。无害化通常涉及固体废物的安全填埋、焚烧处理以及危险废物的专业化处理。

2. 污染担责原则

"固体废物污染环境防治坚持污染担责的原则。

产生、收集、贮存、运输、利用、处置固体废物的单位和个人，应当采取措施，防止或者减少固体废物对环境的污染，对所造成的环境污染依法承担责任。"——《固废法》第五条

2020年修订后的《固废法》进一步完善了对固体废物产生、收集、贮存、运输、利用、处置者的法律规定，尤其突出强调了各类固体废物的产生者（图1-12）责任。

图1-12 固体废物产生者

- 工业固体废物产生者的减量、利用、许可等义务（第三十六条至第四十二条规定）；
- 矿山企业应采取措施减少尾矿、煤矸石、废石等矿业固体废物的产生量和贮存量（第四十二条规定）；
- 生活垃圾产生者（包括单位、家庭和个人）的生活垃圾源头减量和分类投放义务（第四十九条规定）；
- 建筑垃圾产生者编制建筑垃圾处理方案的义务（第六十三条规定）；
- 农业固体废物产生者的回收利用义务（第六十五条规定）；
- 危险废物产生者须按照国家有关规定填写、运行危险废物电子或纸质转移联单（第八十二条规定）。

知识链接

污染担责原则的历史发展

污染担责原则在我国的法律基础可以追溯到1979年的《中华人民共和国环境保护法（试行）》。该法第6条第2款明确规定了"谁污染谁治理"的原则，第18条第3款则规定了对排放污染物超过国家规定标准的单位要收取超标排污费，这是我国首次以法律形式确立污染者应承担治理污染责任的原则，也是污染担责原则的雏形。

1989年，《中华人民共和国环境保护法》进行了修改，虽然该法条款上没有"污染者承担原则"的直接文字表述，但其精神通过相关规定得以体现。例如，该法规定了排污者需缴纳排污费，从事有害环境活动的单位需采取措施预防和治理环境污染和破坏，以及造成环境污染危害的责任人需承担排除危害并赔偿损失的法律责任等。这些规定进一步强化了污染担责原则的法律地位。

"固体废物产生者是固体废物治理的首要责任人"这一规定在工业固体废物产生者连带责任条款和固体废物排污许可制度上体现得最为突出。2020年修订后的《固废法》第三十七条提出，委托他人运输、利用、处置工业固废的，应对受托方进行审查，否则承担连带责任。该法还提出实施工业固体废物排污许可制度，进一步丰富和完善了我国排污许可制度的上位法依据。

3. 全过程管理理念

固体废物全过程管理是指在固体废物的产生、收集、贮存、运输、利用、处置等全过程的各个环节进行监管，制定明晰的固体废物管理策略和适合实际情况的固体废物利用处置技术路线，防止固体废物对环境产生一次污染和二次污染。

2020年修订后的《固废法》通过提高过程监管和信息化监控的要求，扩张全过程管理理念的适用领域，更加突出体现了全过程管理的思想（图1-13）。

图1-13　固体废物的全过程管理理念

知识链接

扩张全过程管理理念的适用领域

2020年修订后的《固废法》将建筑垃圾单独作为一个大类进行管理,对建筑垃圾提出全过程管理的要求,有力推动了建筑垃圾分类处理、回收利用和全过程管理制度和体系的建立,最终实现了建筑垃圾从原来的不可控管理转变为分类处理、回收利用和全过程可控管理。例如,《固废法》第六十条提出,县级以上地方人民政府应当建立建筑垃圾分类处理制度;第六十二条提出,地方环境卫生主管部门需建立建筑垃圾全过程管理制度,规范建筑垃圾产生、收集、贮存、运输、利用、处置行为,推进综合利用,保障处置安全。

4. 固体废物"趋零填埋"

固体废物管理分为五个层级,层级是指固体废物处理方式的优先顺序,分层管理的目标是保护环境、节约资源,以及使固体废物产生量最小化。其中,填埋是当前固体废物处理的最后一个选择顺序,并且我们一直在努力"趋零填埋"。

固体废物层级管理按照"固废处理金字塔"五阶段进行,首先,将减少固体废物产生量(源头减量)置于最优先的顺序;其次,当固体废物产生后,优先顺序依次为再利用、回收利用、能源循环、填埋(图1-14)。

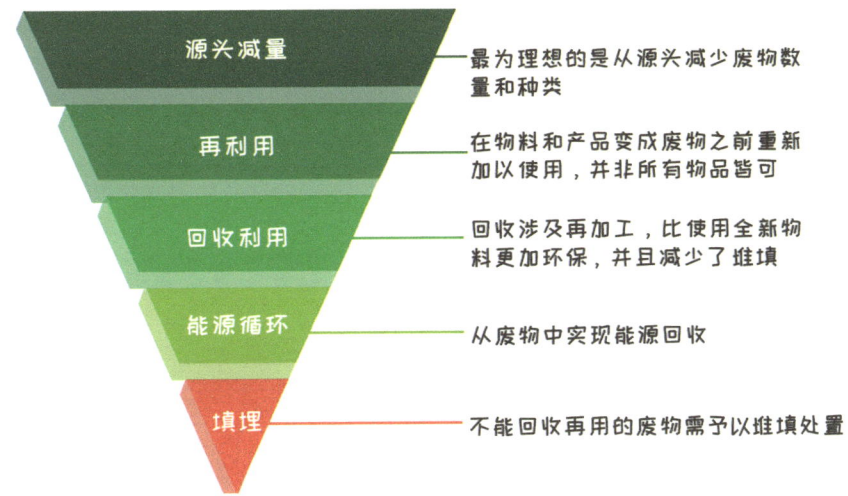

图1-14 固体废物层级管理

我国从生活垃圾开始，逐步推进"零填埋"政策。2020年7月，国家发展和改革委员会、住房和城乡建设部、生态环境部联合印发的《城镇生活垃圾分类和处理设施补短板强弱项实施方案》要求，到2023年基本实现原生生活垃圾"零填埋"；2020年12月31日，随着红庙岭垃圾填埋场二期正式闭场，福州迈入垃圾"零填埋"时代；2021年1月1日，浙江省49个垃圾填埋场除应急处置外全面终止作业；上海加强塑料污染治理，2022年全面实现塑料废弃物零填埋……这些案例都在释放一个信号——原生生活垃圾"零填埋"时代即将到来。

实现"零填埋"不能一概而论、一蹴而就，需要理性地因地制宜、因时制宜。有些固体废物在当前仍然需要通过填埋手段实现安全处置，例如部分危险废物，所以，"趋零填埋"这一概念能够更严谨地表达出人类共同的愿景。"趋零填埋"是一种环境保护策略，旨在将固体废物的填埋量降到最低，尽可能地减少对土地资源的占用以及降低对环境污染的风险。

5. 固体废物污染防治与碳减排协同

固体废物污染防治一端连着减污，一端连着降碳（图1-15），是我国生态文明建设的重要内容。深入实施固体废物污染防治对于推动减污降碳协同增效具有十分重要的作用。

图1-15 固体废物污染防治连着"减污"与"降碳"

日常生活中，通过减少餐饮浪费，不仅可以减少厨余垃圾的产生量，还可以减少粮食生产、食品加工与运输等环节的碳排放量。固体废物的资源化利用也有利于促进碳减排，如煤矸石、粉煤灰等固体废物的建材利用可减少原材料的开采、保护植被，从而减少碳排放。一些国际机构和组织指出，通过有效管理固体废物、提高资源的利用效率，碳减排潜力相当可观（图1-16）。

图1-16 固体废物管理碳减排潜力的测算文件

据相关研究和测算,每回收利用1万吨废旧物资可节约自然资源4.12万吨,节约能源1.4万吨标准煤,减少3.7万吨二氧化碳排放。"十三五"期间,与以天然铁矿石为主要原料的"长流程"炼钢工艺相比,我国采用以废钢为主要原料的"短流程"炼钢工艺累计减少二氧化碳排放约13.8亿吨。

在无害化处理方面,以生活垃圾处理为例,与填埋相比,生活垃圾焚烧发电能在较短时间内将垃圾转变为二氧化碳和热能,既能避免填埋过程的甲烷排放,又能通过热能回收代替化石燃料发电,具有"控制甲烷排放+代替发电"的双重碳减排效果。相关研究表明,垃圾焚烧发电替代无沼气回收设施的露天填埋方式,有明显的温室气体减排效应,每吨垃圾焚烧发电可以减少0.11吨二氧化碳排放。

"无废城市"的国际探索与国内实践

1. 国际探索

自20世纪90年代起,随着经济的蓬勃发展与固体废物管理体系的不断完善,"无废城市"这一理念已在全球范围内众多国家和地区中蔚然成风,成为城市规划与发展的重要愿景。从早期"零废物"与"零废弃"理念的萌芽,到明确树立"无废城市"乃至"无废社会"的宏伟目标,追求"无废"已成为推动城市可持续发展的核心策略与必由之路。

2014年11月,新加坡政府发布《新加坡可持续蓝图2015》(以下简称"《蓝图2015》"),对废物管理系统提出大胆设想,提出"迈向零废物"的国家愿景,旨在为新加坡民众创造更加宜居和可持续发展的未来。《蓝图2015》提出,通过减量、再利用和再循环,努力实现食物和原料无浪费,并尽可能将其再利用和回收,给所有材料第二次生命,使新加坡成为一个"零废物"国家(图1-17)。2016年10月,荷兰政府启动了循环经济项目,目标是:到2030年,主要原材料的使用减少50%,到2050年达到100%循环。荷兰政府优先考虑的5个行业为:生物质与食品行业、塑料行业、制造行业、建筑行业和消费品行业。

图1-17 新加坡"零废物"之路

知识链接

零废弃（zero waste）概念的提出

1973年，保罗·帕尔默首次公开提出零废弃（zero waste）一词，用于化学品原料回收。但直至20世纪90年代后期，这一理念才受到了社会各界的广泛关注。1989年，美国加利福尼亚州通过了综合废物管理法案（integrated waste management act），设立了到1995年废物填埋量减少25%，到2000年废物填埋量减少50%的目标。1995年，澳大利亚首都堪培拉通过了到2010年实现无废的法案，成为世界上首个官方设立无废目标的城市。自此之后，澳大利亚阿德莱德、美国旧金山和加拿大温哥华等许多城市都将无废作为废物管理战略的重要部分。国际零废弃联盟（NGO）在2004年首次给出了零废弃的工作定义，并在2009年组织专家修订该定义为："零废弃是一个符合伦理的、经济的、高效有远见的目标，引导人们改变日常生活方式和做法，以效仿自然界可持续的循环，所有废弃材料都设计成可供其他过程使用的资源。零废弃要求系统地设计和管理产品和过程，避免和减少原材料使用量、废物产生量，减少原材料和废物中的有毒物质，保存或回收所有资源，而不是以焚烧或填埋的方式处理废物。"

2. 国内实践

由国际探索经验可知，开展"无废城市"建设对于解决固体废物污染问题和改善生态环境质量有重要作用。为了整治我国现存环境污染状况、提高固体废物管理水平，我国也积极投身"无废城市"建设中，并以此为契机加快城市发展方式转变，推动经济高质量发展，促进交通、能源和产业的结构优化与变革。

（1）政策体系发展

从2017年到2023年，我国"无废城市"建设走过了7年探索之路，先后出台了多项"无废城市"领域政策文件，为我国固体废物政策体系增添了"新成员"（图1-18）。

2018年6月，中共中央、国务院发布的《关于全面加强生态环境保护　坚决打好污染防治攻坚战的意见》明确提出，全面禁止洋垃圾入境，开展'无废城市'试点，推动固体废物资源化利用，提升

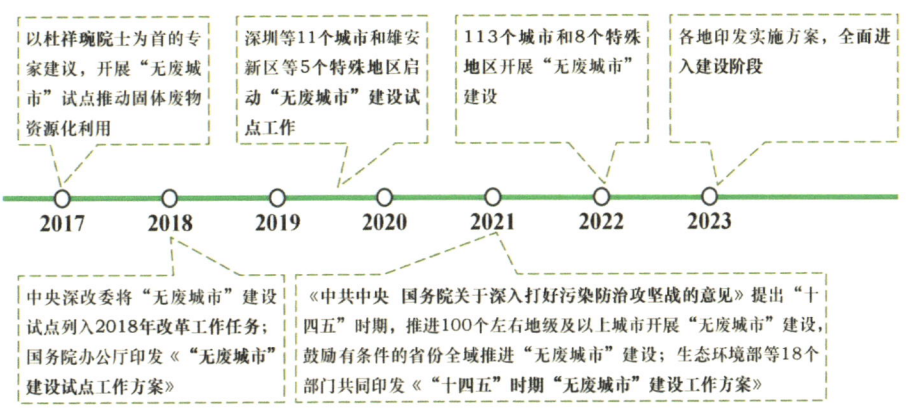

图1-18 "无废城市"建设探索之路

危险废物处理处置能力。同年年底，国务院办公厅印发《"无废城市"建设试点工作方案》，旨在从城市整体层面深化固体废物综合管理改革。

2021年11月，《中共中央 国务院关于深入打好污染防治攻坚战的意见》强调，健全"无废城市"建设相关制度、技术、市场、监管体系，推进城市固体废物精细化管理。同年12月，生态环境部等18个部门联合印发《"十四五"时期"无废城市"建设工作方案》。

2023年12月，《中共中央 国务院关于全面推进美丽中国建设的意见》强调，强化固体废物和新污染物治理，加快"无废城市"建设，持续推进新污染物治理行动，推动实现城乡"无废"、环境健康；加强固体废物综合治理，限制商品过度包装，全链条治理塑料污染；深化全面禁止"洋垃圾"入境工作，严防各种形式固体废物走私和变相进口。"无废城市"建设规划如图1-19所示。

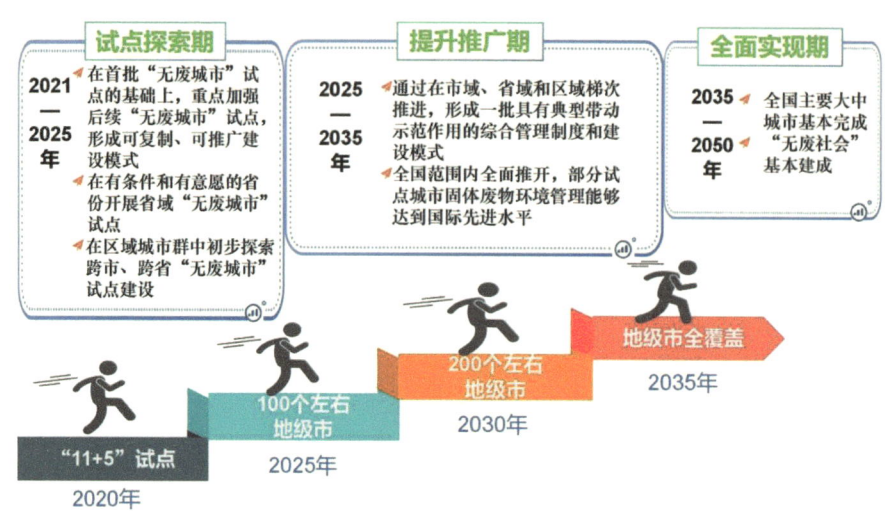

图1-19 "无废城市"建设规划

（2）试点建设成效

整体建设情况

"无废城市"建设可以从不同区域尺度推进，包括城市、省域、跨省合作等（图1-20）。

图1-20 不同区域尺度"无废城市"建设（以粤港澳大湾区为例）

"十四五"以来，全国"113+8"个城市和地区印发相关"无废城市"建设实施方案，计划建设3700余项工程项目，完成6000余项重点建设任务，投资超1万亿元。生态环境部积极协调国家开发银行开展融资试点，2023年国家开发银行向"无废城市"建设领域投放资金超500亿元，覆盖27个省份。

除了在城市尺度推进"无废城市"建设以外，我国部分省份还在全省域尺度推进"无废城市"建设，如浙江、河南、吉林等19个省份印发了省级全域相关"无废城市"建设实施方案；云南、海南、西藏等15个省份将"无废城市"建设纳入地方污染防治攻坚战成效考核及高质量发展绩效评价内容中；山东等6个省份将"无废城市"建设写入地方性法规；江苏省积极推进"无废运河"建设，指导28家化工园区全面启动"无废园区"建设。

不同省份之间还可以推动跨省合作共建"无废城市"，广东省积极探索建立"无废湾区"建设协调沟通机制及"无废湾区"固体废物区域协同示范，推动粤港澳大湾区环境协同治理和资源循环利用。

♻ "无废细胞"建设情况

"无废细胞"（图1-21）建设是落实"无废城市"建设理念、体现试点成效的重要载体，旨在将"无废"理念渗透至社会生产生活的微观单元，通过精细化管理与技术革新，推动各类细胞单元实现废弃物源头减量、资源化利用和无害化处置。2022年浙江省印发《浙江省"无废城市细胞"建设评估细则（2022年版）》，共包含22类"无废城市细胞"建设评估细则；重庆市、四川省2023年联合印发了"无废城市细胞"建设管理规范、标准、指南等共15大类18小类相关文件；广东省、河北省、山东省、江苏省、上海市等陆续开展各类"无废细胞"建设工作。截至2023年底，全国共建设"无废园区""无废学校"等工业、生活、农业、建筑等领域"无废细胞"2万余个，为构建"无废城市"奠定了坚实基础。

图1-21　无废细胞

典型"无废城市"建设案例

北京雄安新区以"无废城市"建设为契机，创新历史遗存固废全域排查、全域清理、全量处置模式，以"存量处理全量化"为目标，以全域排查摸底为基本路径，以生活、生产分头抓为基本策略，通过"走遍雄安"活动，推进人居环境整治，开展铝灰钢渣处置项目（图1-22）、建立农村垃圾管理机制等，逐步实现遗存固废全域清理。

深圳建立超大城市生活垃圾"分类收集减量+分流收运利用+全量焚烧处置"模式，通过社会化和专业化相结合的双轨战略，建设垃圾分类"四个体系"（分流分类体系、宣传督导体系、责任落实体系和技术标准规范体系），算好减量账、算好参与账，实现生活垃圾从源头到末端的全过程治理。深圳市生活垃圾焚烧处置设施盐田能源生态园如图1-23所示。

图1-22　雄安新区铝灰钢渣处置项目　　　图1-23　盐田能源生态园

♻ 东莞"无废城市"试点建设阶段性成效

"十三五"时期，东莞市实现了"新增生活垃圾全焚烧、零填埋"的重大突破，但仍然存在工业固废源头减量不足、建筑垃圾分类统计制度不完善、生活垃圾分类投放准确率低等问题。2020年以来，东莞市以"无废城市"创建为契机，破解固废治理短板，带动固废治理能力和治理体系水平的全面提升。2022年4月，东莞正式入选"十四五"时期"无废城市"建设名单后，创建工作进入快车道，市政府计划投入106.7亿元，以2025年为时限，完成国家"无废城市"创建任务。

近年来，东莞市各部门各司其职，协同推进"无废城市"建设，取得显著成效（图1-24）。截至2023年底，东莞市创建了29家绿色工厂，全市一般工业固废综合利用量达每日1.76万吨，综合利用率达90.5%；在生活垃圾领域，东莞市形成了厨余垃圾、有害垃圾、可回收物、其他垃圾收运处置的四大链条，全市生活垃圾焚烧处理总能力达每日1.475万吨；全市绿色建筑应用比例逐步提升，绿色建筑占新建民用建筑的比例已达91.64%，装配式建筑占新建建筑的比例已达37.75%，建筑垃圾资源化利用率已达47.3%；在农业领域，东莞市成功申报绿色食品认证的产品有15个、有机产品1个，农药包装废弃物无害化处置率为100%；在危险废物领域，危险废物收集处置能力达每日3400吨，危险废物利用处置率为99.94%，医疗废物安全处置率为100%，环境风险得到全过程有效防控。

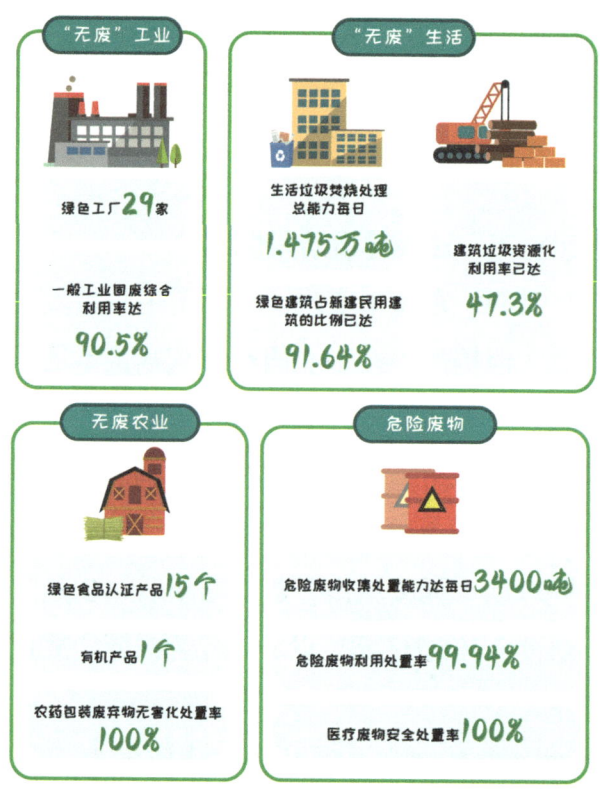

图1-24 东莞市"无废城市"建设阶段性成效

中篇

"无废城市"
实践探索篇

在这一篇章，我们将结合东莞市实践探索，着重从以下几个方面讲述"无废城市"的相关知识，主要涉及工业固体废物、生活垃圾、建筑垃圾、农业废弃物、危险废物等"无废城市"建设重点关注的五大类固体废物，并涵盖污水污泥等其他固体废物。

- "无废"工业
- "无废"生活
- "无废"农业
- 危险废物风险防范
- 城市多源固废，协同利用处置，闭环智慧监管

学习知识+听故事，品茗老莞味，一起"倾吓偈"①!

---
① 倾吓偈：粤语，"聊聊天"的意思。

第二章

"无废"工业

在推动一座城市工业领域"无废"建设的过程中,我们需要破译这座城市的工业"基因组",查清传统产业与新兴产业的行业构成,了解这座城市的产业链、产业集群、工厂类型、产品种类、技术水平等信息,形成这座城市的工业"基因组"图谱,以找到解决工业固体废物问题的密码。

在《"无废"工业》这一章,我们将主要从以下几个方面了解工业领域的"无废"知识。

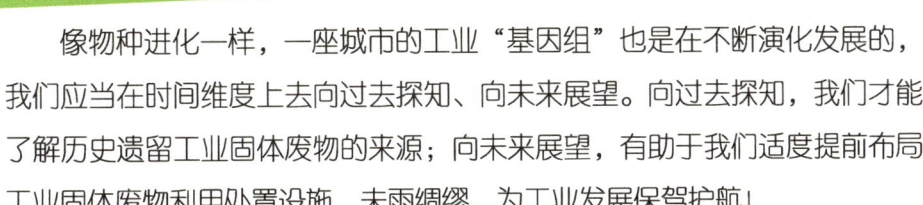

- "无废"工业领域的固体废物画像
- 传统产业与新兴产业的"无废产业链"建设
- 传统产业集群化发展与新兴产业"无废园区"建设
- 工厂多元化"无废"路径
- 工业固体废物利用处置途径

像物种进化一样,一座城市的工业"基因组"也是在不断演化发展的,我们应当在时间维度上去向过去探知、向未来展望。向过去探知,我们才能了解历史遗留工业固体废物的来源;向未来展望,有助于我们适度提前布局工业固体废物利用处置设施,未雨绸缪,为工业发展保驾护航!

一 "无废"工业领域的固体废物画像

1 什么是工业固体废物?

《"无废"工业》这一章所指的工业固体废物仅指一般工业固体废物(图2-1),其种类多样,涵盖《固体废物分类与代码目录》中SW01～SW59的废物种类,共17大类,是企业在工业生产过程中产生且不属于危险废物的工业固体废物,主要包括冶炼废渣、粉煤灰、炉渣、煤矸石、尾矿等大宗工业固体废物和其他一般工业固体废物(图2-2)。

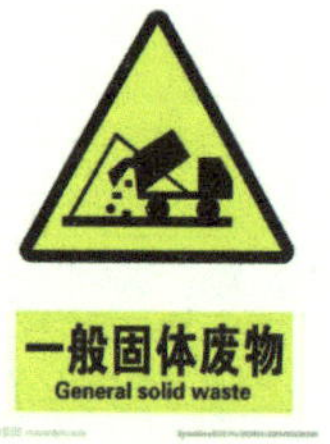

图2-1 一般工业固体废物标志

炼铁、炼钢等冶炼行业产生的SW01冶炼废渣 | 燃煤电厂等燃煤过程产生的SW02粉煤灰 | 生活垃圾焚烧、煤炭燃烧产生的SW03炉渣 | 煤矿在开拓掘进、采煤和煤炭洗选等生产过程中排出的SW04煤矸石 | 铁矿、锰矿等采选业产生的SW05尾矿 | 煤炭加工、电力生产等行业产生的SW06脱硫石膏

造纸行业、食品加工行业产生的SW07污泥 | 从铝土矿中提炼氧化铝后排出的污染性渣,SW09赤泥 | 湿法磷酸生产工段用硫酸处理磷矿过程中形成,经过滤产生的SW10磷石膏 | 基础化学原料制造、常用有色金属冶炼等行业产生的SW11其他工业副产石膏 | 石油、天然气开采行业产生的SW12钻井岩屑 | 食品加工行业产生的SW13食品残渣

纺织皮革行业产生的SW14纺织皮革业废物 | 造纸印刷行业产生的SW15造纸印刷业废物 | 化工生产加工行业产生的SW16化工业废物 | 工业生产活动中产生的SW17可再生类废物 | 工业生产活动中产生的SW59其他工业固体废物

图2-2 工业固体废物分类

❷ 工业固体废物管理有何难题，如何破解？

不同类型城市产生的工业固废类型各异，面对的管理难题也各有不同（图2-3），因此在推动一座城市工业领域"无废"建设的过程中，我们需要首先破译这座城市的工业"基因组"，进而理清城市的工业固废管理路径。

图2-3 不同类型城市工业固体废物管理难题

♻ 破译不同类型城市工业"基因组"

通过破译城市的工业"基因组"（图2-4），可以查清这座城市的产业链、产业集群、工厂类型、产品种类、技术水平等信息，从而形成这座城市的工业"基因组"图谱，以找到解决工业固体废物问题的密码。

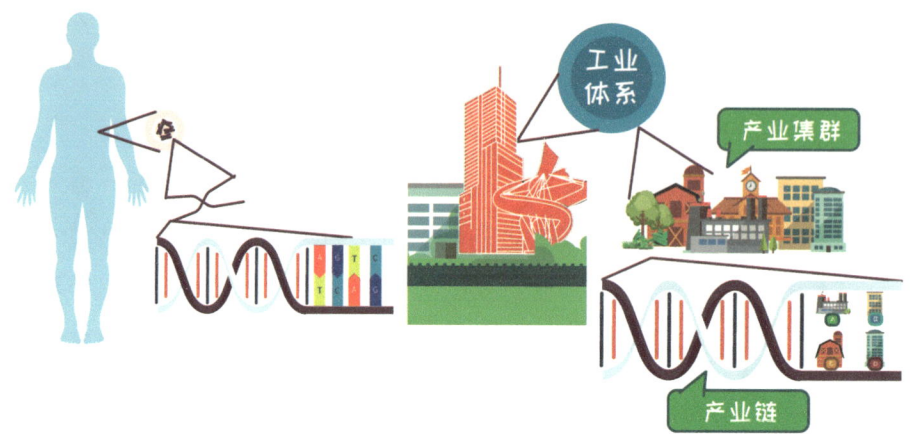

图2-4 物种基因组和工业"基因组"的类比

♻ 制造型城市"无废"路径

制造型城市普遍面临工业固体废物产生单位多、产废量大且种类复杂等难题,以"世界工厂"东莞为例,工业固体废物主要来自于传统产业,因此,传统产业成为开展"无废"工业、解决工业固体废物问题的主阵地。

我们可以通过取消传统产业,从而实现工业固体废物源头减量而一步到位吗?当然不行!

推动实现"无废"工业的愿景,并非一蹴而就的过程,而是一场深刻且持久的产业革命。它要求我们深入剖析并理解城市工业体系"基因组",从优化产业链布局入手,促进资源高效循环利用,进而推动产业集群化发展,提升整体环境绩效,最后深入到每一座工厂,根据其生产特性定制化实施"无废"改造方案,逐步淘汰高污染、高能耗的工艺,引入清洁生产和循环经济模式。这一过程虽漫长且充满挑战,但唯有如此,我们方能稳步迈向一个资源节约型、环境友好型的"无废"工业时代。

 **东莞故事** **东莞市制造业发展历程**

虎门销烟作为中国近代史的开端事件之一，发生在东莞的虎门镇，由此东莞成为中国近代史的开篇地之一（图2-5～图2-6）。同样在虎门镇，自1978年太平手袋厂落户虎门以来，东莞便拉开了其制造业大幕，成为中国改革开放的一个精彩而生动的缩影（图2-7）。

图2-5　虎门销烟图片　　图2-6　林则徐纪念馆销烟池（赖子裕　摄）

图2-7　太平手袋厂陈列馆内实物展示（唐汉成　摄）

从最初的手袋加工起步，东莞凭借低廉的土地和劳动力成本，迅速吸引了大量外资涌入，形成了以外向型经济为主导的工业体系。从起步阶段的"借船出海"到腾飞阶段的"筑巢引凤"，再到提升阶段的"镇镇办厂、村村冒烟"，经过几十年的快速发展，东莞不仅成为全球重要的智能手机生产基地，还培育了电子信息、装备制造等多个千亿级和万亿级产业集群，涌现出OPPO、vivo等龙头企业，制造业的产值占到全市总产值的90%以上。

知识链接

传统产业与新兴产业

传统产业通常指的是在工业化初期和重化工业阶段发展起来的产业，如原材料工业和加工工业等。它们具有技术成熟、成长趋缓、概念动态和地域相对性的特征。新兴产业则是随着科技进步和市场需求变化而产生的新行业，它们通常具有高科技、高附加值和高成长潜力的特点。

传统产业的优化升级是当前的重要发展方向，许多传统产业已基本完成了自动化和信息化改造，人工智能等新技术的出现使得如今升级的主要方向为数智化转型和绿色转型。而对于新兴产业，我国最新规划主要聚焦在对经济社会全局和长远发展具有引领带动作用的新一代信息技术、新能源、新材料、高端装备、新能源汽车、绿色环保、民用航空、船舶与海洋工程装备等8个领域。

二 传统产业与新兴产业的"无废"产业链建设

① 传统产业｜造纸产业链如何实现"无废"？

通过对企业固废小循环、行业资源中循环、国际发展大循环三个尺度的探索（图2-8），促进造纸产业链工业固体废物循环利用，并同步开展"无废"思想宣传载体建设，推广绿色环保理念。

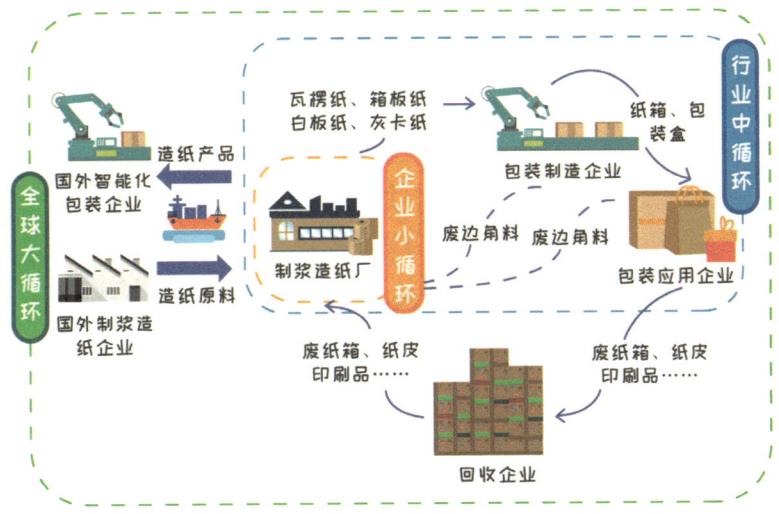

图2-8 造纸产业链工业固体废物"三循环"模式

企业固废小循环，力争实现"零废弃"

造纸企业采用可再生循环利用的废纸作为主要原料，经破碎、筛分回收少量金属，废纸制浆后制成纸产品，其中浆渣通过斜网过滤工艺实现100%封闭梯度循环和零外排。造纸废水处理站可变身"清洁能源供应站"，产生的沼气用于发电，造纸污泥干化后用作锅炉燃料。经过上述环节，造纸企业内部形成了固废循环闭环（图2-9）。

图2-9 造纸企业固废小循环

♻ 行业资源中循环,绿色低碳"强引领"

造纸行业企业普遍在前端设置废纸回收点,结合自身生产需求收购各类废纸。位于造纸产业链中游的包装制造企业会产生废边角料,可以直接回用于上游的制浆造纸企业;下游的纸制品应用企业所生产的产品被消费者使用废弃后,通过回收企业收集运

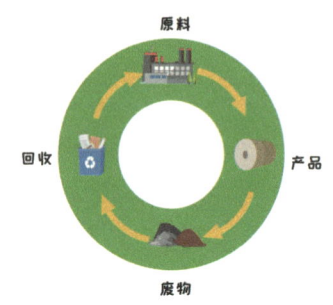

图2-10 造纸行业资源中循环

输最终又回用于上游制浆造纸企业,从而实现造纸行业资源、能量持续循环(图2-10)。

以东莞某造纸企业为例,其年利用废纸为400万吨以上,相比原生纸生产可节约50%新鲜用水,节省60%~70%能源消耗,减少35%水污染、74%空气污染和70%固体废物产生,实现二氧化碳减排2100余万吨。

♻ 国际发展大循环,畅通要素"扩影响"

造纸企业通过扩展国外纸浆市场,在国外收购、建设纸浆厂和智能化包装企业,最大程度地贴近消费和原材料市场,推动造纸企业融入全球大循环(图2-11)。

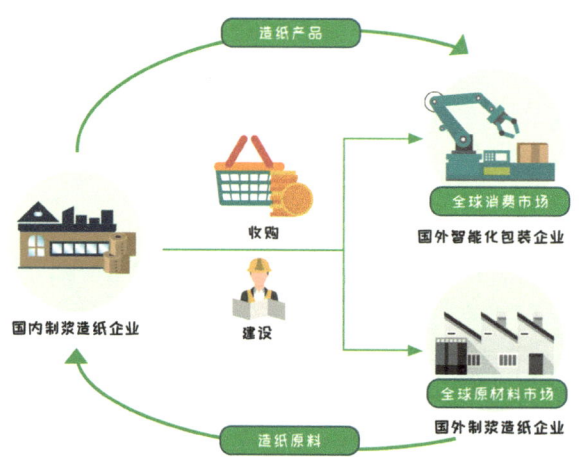

图2-11 造纸企业全球大循环

宣教并重，传播"无废"思想

通过建设造纸博物馆（图2-12），讲述千年纸史，解析古法造纸和现代造纸工艺流程，展示造纸行业的最新科技成果、环保理念和环保造纸产品，推广绿色造纸、垃圾分类回收、"无废城市"等生态理念，推动全社会为建设"无废城市"添砖加瓦。通过"一张纸的前世今生"影片，体现"纸→废纸→纸"的循环，同时介绍造纸产生的"三废"（废水、废气、固废）转化工艺流程。

图2-12 造纸博物馆

东莞市造纸产业发展

2023年，全国纸及纸板人均年消费量为93.37千克（14.10亿人），其中书本和卫生纸占一半，另一半是工业包装纸。一本书或单卷卫生纸约重150克，相当于人均年消费了620本书或者620卷卫生纸！不仅如此，我们对纸的需求还在逐年增加，2014—2023年，全国纸及纸板消费量年均增长率为3.02%。纸的种类各式各样（图2-13），满足了人们多样的物质和精神需求。

"高能耗、高排放"的造纸产业在过去发展过程中面临过阵痛期。2014—2016年，东莞市开始全面落实造纸产业"两高一低"

产能淘汰工作，大规模关停、整治、补偿引退造纸落后企业。2019年，东莞市环保部门对造纸行业开展"一企一策"环保专项整治工作，到2020年底完成全市28家造纸企业综合整治，以生态环境标准倒逼造纸行业转型升级，推动造纸行业健康规范和可持续发展。

东莞市玖龙纸业（控股）有限公司是广东重点产业链"链主"企业，多年来持续引领东莞市造纸行业发展。在近30年的发展历程中，玖龙纸业持续引进国际最先进的造纸和环保设备，并不断优化升级，提高自动化和智能化水平，显著提升了生产效率，减少了原材料的浪费与损耗（图2-14）。新型设备的高效能也直接降低了对电能的需求，促进了造纸行业的绿色发展。

（a）环保文化纸　　（b）箱板纸　　（c）特种纸　　（d）涂布白板纸

图2-13　不同类型纸

（a）现代化包装纸生产线　　（b）全自动成品仓库（立体）

图2-14　玖龙纸业现代化车间

知识链接

工业固废的华丽转身:揭秘再生纸浆的双面奇缘

再生纸浆是指利用分类回收的纸、纸板及纸制品为原料,经拣选、碎解(干法或湿法)和筛选等处理得到的纸浆。目前,再生纸浆有干法、湿法2种制备方法:①干法——对回收的纸、纸板和纸制品进行拣选除杂、干法碎解,去除杂质和大碎片;②湿法——将回收的纸、纸板和纸制品在水力碎浆机中进行碎解、筛选,然后通过浓缩、压榨,压缩成块状,或者通过浆板机抄造成再生纸浆(图2-15)。

(半干)散状再生纸浆
颗粒状,以包装袋包装

(半干)板状再生纸浆
浆板状,以包装带捆扎

(干)平板状再生纸浆
平板状,表面有明显的成形网压痕

(干)块状再生纸浆
压缩块状,由压缩絮状浆打包而成

图2-15 各种再生纸浆

❷ 新兴产业 | 智能移动终端产业链如何减废降碳？

智能移动终端产业链（图2-16）通过龙头企业牵引，推动产品全生命周期绿色发展、产业协作"自净"，确立对产业链上下游企业的环保要求，带动全产业链减废降碳。

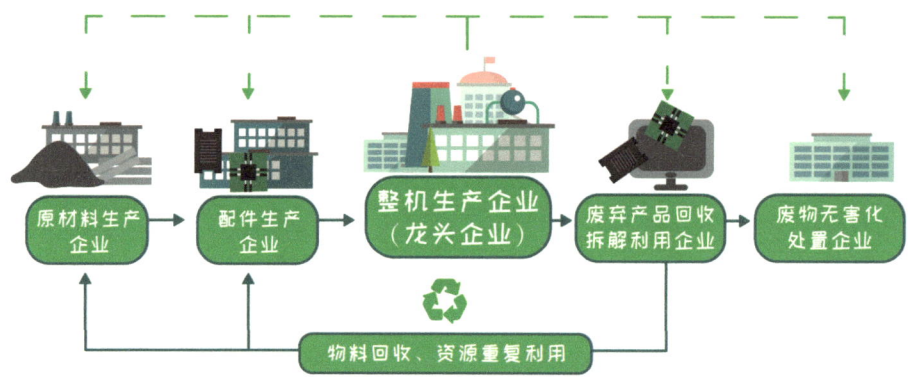

图2-16　智能移动终端产业链概念图

♻ 产品全生命周期绿色发展，推动固废源头减量

在产品设计环节，龙头企业将易拆解性、可回收性、可维护性、可重复利用性等环保理念融入产品设计中，选用纸张、塑料、金、铝、钴、锡等再生材料和生态友好的生物基塑料。在采购环节，龙头企业通过对供应商的认证、选择、审核、绩效管理等流程明确提出绿色环保要求，利用多种激励手段牵引供应商持续改进。在产品回收环节，构建产品回收体系，推广一站式换新计划、屏幕循环使用、旧机内部二次利用等绿色环保措施。

♻ 产业协作"自净",促进产业链低碳化、无废化

链主企业(龙头企业)定期对工厂进行审查,督促供应商建立完善的管理体系,开展清洁生产工作及环境管理措施,提升产业链固体废物管理水平,减少固体废物产生及最大程度利用资源。OPPO公司开展产品碳足迹认证,通过分析手机产品碳足迹发现,全生产链中70%以上的温室气体排放来自原材料获取与供应环节,因此可针对性地制定符合自身情况的手机碳足迹减量方案。OPPO公司的低碳发展目标及2023年低碳发展进程如图2-17所示。

图2-17 OPPO公司的低碳发展目标及2023年低碳发展进程

东莞智能移动终端产业发展

自2007年苹果公司发布iPhone手机以来,移动智能终端产品销量出现爆发式增长。2010年末,智能手机出货量首次超过个人电脑;2013年,智能手机出货量首次超过功能手机,达到10亿部,约为个人电脑出货量的3倍。几乎在一瞬之间,移动智能终端占据了互联网业务的关键入口和主要创新平台,成为全球最大的消费电子产品之一,其设计外形变化如图2-18所示。

21万家工业企业、1.3万余家规上企业、超9000家国家高新技术

图2-18 手机设计外形变化

企业集聚东莞,业内一度用"东莞塞车、全球缺货"来描述其对世界供应链的影响力。从原材料到元器件再到模组及整机代工,一部智能手机90%的零部件都可在东莞一小时通勤圈内配齐。2022年,东莞市智能手机产量为1.96亿部,全国(11.7亿部智能手机)每生产6部智能手机,就有1部来自东莞。东莞市作为粤港澳大湾区和广深科技创新走廊的节点,智能终端产业链较为完整,且聚集着步步高等行业龙头公司,产业集聚效应强(图2-19)。

图2-19 东莞市智能移动终端代表性企业(vivo公司大楼)

知识链接

碳足迹

碳足迹是指一项产品或服务在其整个生命周期内（从原材料获取、加工、运输、使用到最终废弃）所产生的温室气体排放量的总和（图2-20），它是衡量二氧化碳排放量的关键指标，对实现碳达峰、碳中和目标具有重要意义。

精准核算：碳足迹的精准核算与广泛应用是实现碳达峰、碳中和目标的基础。全产业链影响：碳足迹贯穿全产业环节，对企业产品的全生命周期和全产业链有重要影响。国际竞争力：随着国际碳管理政策对碳足迹数据要求的日益严格，产品碳足迹将成为企业进入国际市场和品牌供应链的必备条件。

图2-20　碳足迹

三 传统产业集群化发展与新兴产业"无废"园区建设

1 传统产业｜如何通过集群化发展注入新活力？

通过统一规划、统一管理和资源共享的方式，将分散在各镇街（园区）的企业集中起来，快速消灭分散的污染源。探索清洁生产、监管创新、集中管理、技术升级模式，实现园区绿色化、高端化转型（图2-21）。

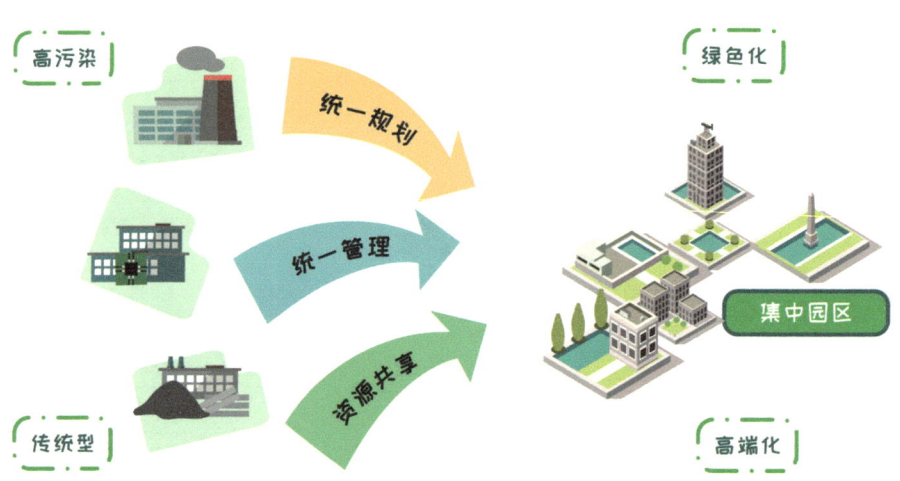

图2-21 传统产业集群化发展路径

♻ 清洁生产+监管创新，园区由高污染向绿色化转型

如何让原本高污染的企业"改头换面"变得更绿色环保？清洁生产是良策。国家在企业层面推行清洁生产审核制度，推动企业开

展清洁生产改造，针对不同行业设定相应的"高标准、严要求"，由此，一些跟不上时代步伐的落后企业就会被逐步淘汰。设定的标准包括能耗、环保、质量、安全、技术等多个方面内容。

以电镀、印染企业为例，如何有效监管产污强度较高、环境风险较高的传统企业？可以利用先进的传感技术，通过污染物在线监控系统（图2-22）实现产排污数据实时在线监测，如果出现异常情况还能实时预警。想要了解园区内企业是否存在环境违法现象，可以使用无人机技术丰富环境执法手段、提升排查效率。

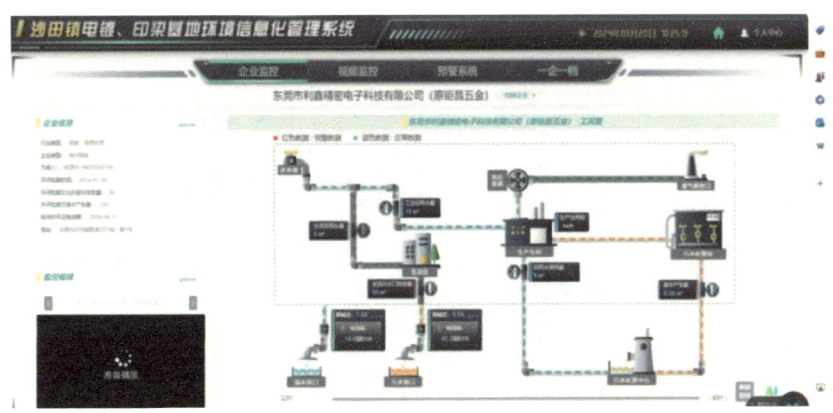

图2-22 沙田镇电镀、印染基地信息化管理系统

♻ 集中管理+技术升级，园区由传统型向高端化跃升

电镀、印染企业分布时"各自为阵"，产生的工业固废量虽少却分散，存在工业固废收运较难的问题。集群化发展之后，园区引进专业公司经营工业固废的收运工作，企业产生的工业固废原则上全部统一收集贮存并进行分选，部分外售资源化利用，其余交给有资质的终端处置单位进行处理。在工业固废收集贮存及转移涉及的重点区域安装视频监控设施，转移过程中全程跟踪，规范运行联单，从而实现工业固废的闭环管理。

电镀、印染企业集群化发展之后还有一个好处，那就是电镀、印染废水可以统一集中处理。以东莞市某电镀园区污水处理厂为例，通过使用电镀废水资源再生回用的工艺系统（SCR技术），电镀废水经深度处理后可作为优质再生水回用于各电镀企业的生产车间，实现电镀废水零排放（图2-23），其回收淡水资源约54万立方米/年，再利用工业副产盐约3500吨/年、有价金属约25吨/年，减少了40%的电镀污泥，减少废水中铜、镍、铬等重金属排放量超300千克/年。

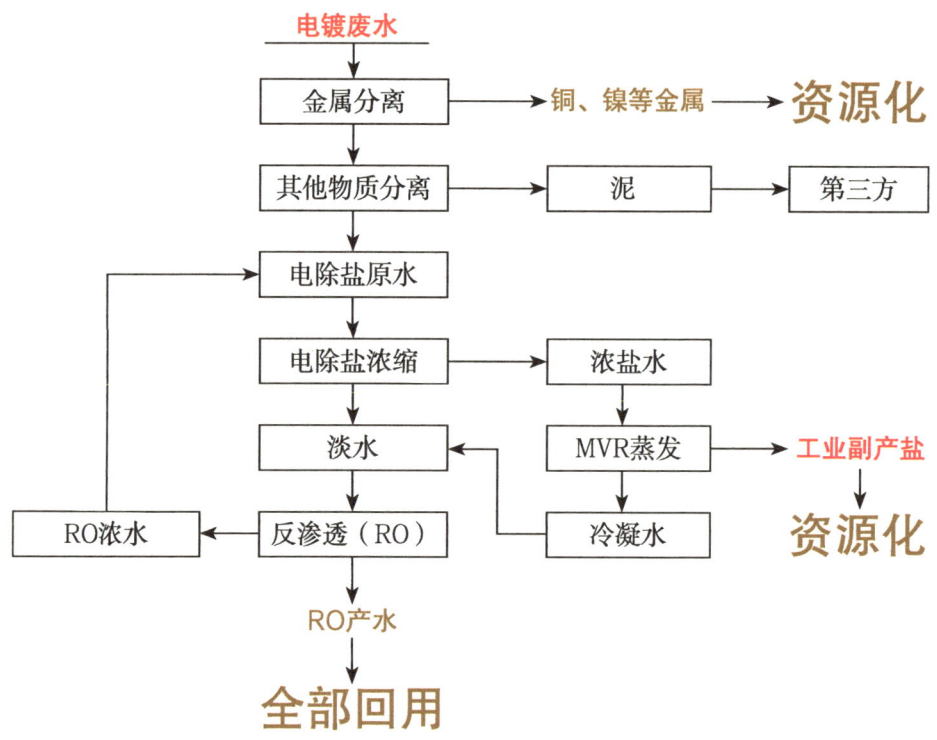

图2-23 电镀废水再生回用路径

东莞故事

东莞市中堂镇造纸中小企业集群化发展

推动产业集群发展是提升传统产业经济效益和环境效益的"锦囊妙计"。除了电镀、印染企业，以造纸产业为代表的传统产业中也有众多中小型企业在积极探索集群化发展的新路径，引领传统产业向绿色、可持续的方向迈进。

作为广东省三大造纸基地之一，东莞市中堂镇聚集了64家造纸及纸制品企业（图2-24）。近年来，中堂纸企主动出击，推动产业绿色低碳发展，包括投入建设光伏项目、将污水处理产生的沼气充分用于发电、开展生产线真空系统改造、使用先进的节水设备等。同时，大力推进锅炉淘汰整治和"煤改气"工作，2021年全镇压减燃煤量50.6万吨，燃煤消费量同比下降20.7%；2022年上半年，中堂热电联产项目（一、二期）实现全面投产，两期工程可实现年供电量88亿千瓦时、年供热量约2325万吉焦，推动全镇能源体系向"清洁、低碳、安全、高效"转变。

图2-24 中堂镇包装公司自动化生产线

知识链接

清洁生产

《中华人民共和国清洁生产促进法》中对清洁生产的定义是：不断采取改进设计、使用清洁的能源和原料、采用先进的工艺技术与设备、改善管理、综合利用等措施，从源头削减污染，提高资源利用效率，减少或者避免生产、服务和产品使用过程中污染物的产生和排放，以减轻或者消除对人类健康和环境的危害。清洁生产审核关注的8个方面如图2-25所示。

《"十四五"全国清洁生产推行方案》指出，推行清洁生产是贯彻落实节约资源和保护环境基本国策的重要举措，是实现减污降碳协同增效的重要手段，是加快形成绿色生产方式、促进经济社会发展全面绿色转型的有效途径。在碳达峰、碳中和新形势下，推行清洁生产具有重要的现实意义和实质作用。

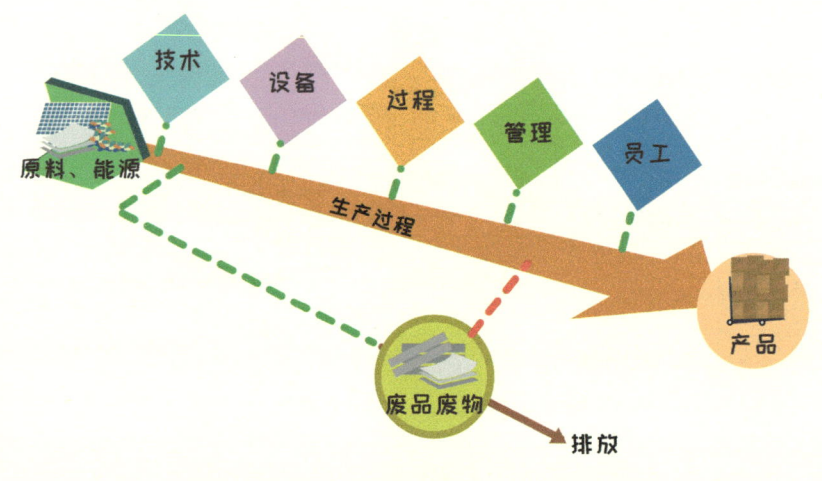

图2-25 清洁生产审核关注的8个方面

② 新兴产业｜如何通过"无废"园区建设引领发展？

通过引进先进制造业和服务业企业，持续降低园区的工业固废产生强度；针对涉固体废物企业，严守园区的准入门槛；开展工业固体废物规范化管理，通过多种技术手段推动园区工业固体废物全链条管控（图2-26）。

图2-26 提高园区准入门槛及监管水平

♻ 新兴产业集群发展

以东莞市松山湖园区为例，园区引进了生益科技、易事特等一批国内外行业龙头企业，形成了三大主导产业体系，如图2-27所示。同时，园区大力推动企业节能循环化改造、太阳能光伏发电（图2-28）、循环低碳园区建设等工作。松山湖园区单位GDP能耗在2015年0.152吨标准煤/万元的基础上持续下降，并始终处于国际先进水平，工业固体废物产生强度也逐年降低，2022年园区工业固体废物产生强度已降至0.019吨/万元，远低于东莞市平均水平。

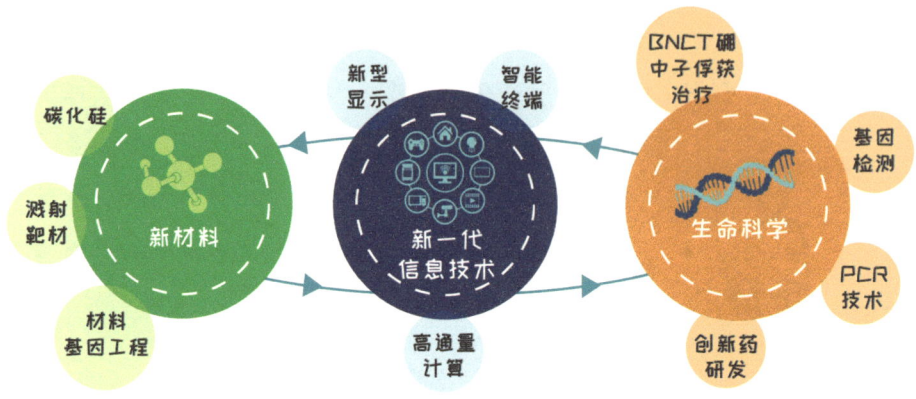

图2-27　松山湖三大主导产业体系

图2-28　生益科技光伏发电项目

♻ 过程中严格环境准入条件

落实"三线一单"（图2-29）要求，严控高耗能、高排放建设项目，规范建设项目产生固体废物的环境影响评价以及工业固体废物产生量大、全市区域范围内无配套工业固体废物利用处置设施的项目审批工作，降低园区工业固体废物增长速度。

第二章 "无废"工业

图2-29 "三线一单"内涵

完善全链条管理

依托省、市固体废物环境监管信息平台，督促企业在平台依法依规申报处置危险废物和工业固废，形成园区完整的工业固废收处体系。通过采取定期专项检查、无人机排查、标准化建设等管理措施，聚焦工业、生活、建筑三大领域，构建全链条多源固体废物管理模式。

 东莞故事

东莞市松山湖园区高质量发展

松木山，是大岭山、寮步、大朗三镇交汇处一处风景秀美的"净土"，位于东莞城市地理中心位置，这里环境优美、地势空旷，又连通各镇，交通便利，具有发展现代制造产业的天然优势。也就是在这里，诞生了松山湖园区（图2-30）。

松山湖从诞生之初就承载了东莞进军世界高新科技产业的梦想，随着以生益科技等巨头为代表的高新科技企业的进驻和新材

料、新一代信息技术、生物医药等产业的崛起，以及大批国之重器的坐镇，昔日人们对于松山湖的所有美好理想，正在逐渐成为现实（图2-31）。

位于东莞松山湖的国家重大科技基础设施——中国散裂中子源（CSNS）是由中国科学院和广东省人民政府共同建设的大型综合性研究平台。作为我国第一台、世界第四台脉冲型散裂中子源，该装置从2000年7月开始谋划建设，到2011年10月工程奠基，再到2018年8月（一期工程）通过国家验收，前后历时近20年。未来，CSNS将在凝聚态物理、磁性材料、新能源材料、超导材料等领域发挥出更加重要的作用，引领经济社会高质量发展。

图2-30　松山湖老照片与新照片对比

（a）中国散裂中子源　　（b）松山湖材料实验室　　（c）松山湖园区景色　　（d）松木山水库

图2-31　松山湖重大科技基础设施及园区风光

四 工厂多元化"无废"路径

1 工业固废源头减量化的方式有哪些？

通过优化产品结构和设计、升级数字化生产线、优化废水处理工艺、完善内部管理制度等，可实现工厂工业固废源头减量（图2-32）。

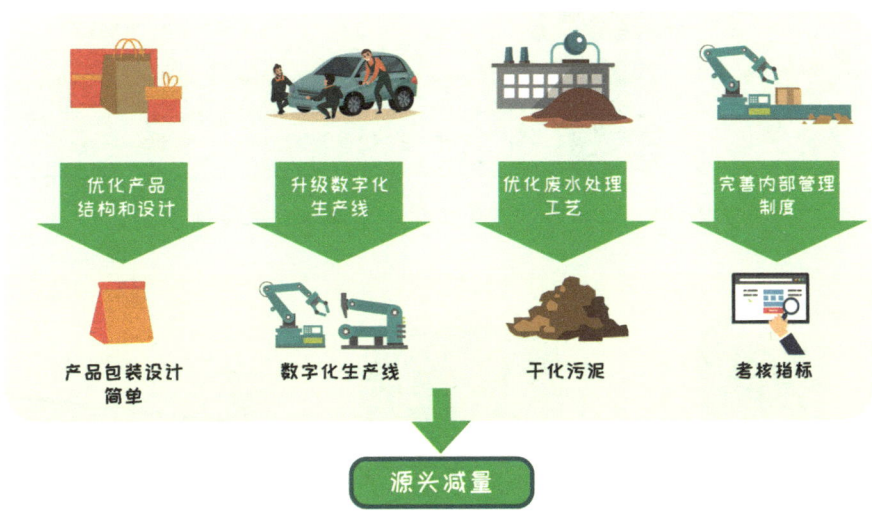

图2-32　工业固废源头减量路径

♻ 优化产品结构和设计

通过优化产品结构和设计可以减少工业固废产生量。珠江啤酒东莞工厂通过提升罐装产品的比例，不仅提升了运输存储的便利性，同时直接减少了工业固废的产生量（图2-33），且回收的铝罐和铁罐可以通过磁选、分选等方法有效分离，有助于后续利用处理。陶瓷企业通过增大瓷砖硬度、减小瓷砖厚度，可以节省原料投入量和能源使用量。明门公司通过使用碳纤管取代铝管、羊绒取代化纤材料，采用GRS认证再生环保布料等系列措施，实现婴幼童产品品质提升、工业固废产量减少的双重效益（图2-34）。

不断优化产品结构，提高罐装产品比例，**降低各项固废产生量。**

固废种类		产生量/t		
		废纸皮	碎玻璃	废标纸
2023年	1~12月	2621.86	4550.86	239.16
		啤酒产量/t: 110196.3		
吨酒产生量		0.024	0.041	0.002
2024年	1~5月	1424.5	1623.16	78
		啤酒产量/t: 76941.27		
吨酒产生量		0.019	0.021	0.001
单耗同比下降		22.19%	48.92%	53.29%

图2-33　珠江啤酒东莞工厂工业固废产生量降低

图2-34　明门公司绿色设计产品实现双重效益

升级数字化生产线

通过数字化、自动化改造，可全面提升工厂生产效率，减少因人为因素导致的误差，降低废品率。精确控制原料投入和产品的产出，可避免材料浪费和产品积压，提升生产效率和资源利用率，实现工业固体废物源头减量。例如，东莞慕思智能工厂通过数字化改造，寝具用品单线产能提升了53.85%左右（图2-35）。过去，以国内制造业的平均水平，面对复杂的床垫生产工艺，一天生产5000张床垫可能需要数百人甚至上千人；现在，在东莞慕思智能工厂，实现同样的产能仅需40人左右，从喷胶、贴面、围边到包装、出厂等流程，大大减少了人工工作量。珠江啤酒东莞工厂通过引入模块化贴标机、仿生机械臂纸皮添加器等智能化设备，成功引领啤酒行业绿色高质量发展（图2-36）。

（a）全自动机械臂

（b）二次围边

（c）产品检验

（d）自动包装机

图2-35　东莞慕思智能工厂

图2-36 珠江啤酒东莞工厂

♻ 优化废水处理工艺

通过优化废水处理工艺，可提高污水处理能力、减少污泥产生量。例如，珠江啤酒东莞工厂通过优化废水处理工艺，有效提升废水的可生化处理效率，大幅减少在污水处理过程中好氧池内污泥的生成量，并降低其对外部碳源的依赖和投入成本；通过使用污泥干化设备，将污泥含水率从原来的60%左右降低至目前的30%左右，显著减少了污泥量（图2-37）。

处理前（含水率60%左右）　　污泥干化机　　处理后（含水率30%左右）

图2-37 污泥干化减量效果

♻ 完善内部管理制度

通过对生产工序的物料损耗、能源消耗等各项指标设定科学的考核目标，可提高员工绿色减碳工作的积极性。以明门公司为例，其通过制定单台产品固废产生量考核机制，倒逼产废部门减少浪费、提升材料使用效率，近年来工业固废产生强度显著降低（图

2-38）。另外，通过建设企业工业固废管理平台，可实现内部实时监控关键运营指标、优化生产流程、增强决策能力；通过大数据分析，确定产废工序及产废情况，并与历史数据进行对比，分析产废量变化原因，可有效提高生产效率、降低生产损耗，从而实现工业固废源头减量。

2020—2023年工业固废产生情况

年份	工业固废产生量（公吨）	工业固废产生强度（公吨/万台）
2020年	6699	4.97
2021年	7138	4.54
2022年	6329	4.14
2023年	3847	3.45

图2-38 明门公司近年来工业固废产生情况

东莞故事

传统产业与新兴产业转型发展

在东莞，传统产业与新兴产业协同发展，以蓬勃生机启动经济转型"新引擎"。近年来，东莞积极推进智能制造装备产业的发展，智能制造企业超过400家，产业链逐步完善，推动了制造业向智能化、高端化转型，入选了首批国家级、省级中小企业数字化转型城市试点。截至2023年，东莞市建成了113家智能工厂（车间），推动了6407家企业实现数字化转型，数量居广东省首位。

知识链接

柔性制造

柔性制造（flexible manufacturing）是一种应对大规模定制需求而产生的新型生产模式，它能够快速适应市场需求的变化、产品设计的更新，以及制造过程中的变动（图2-39）。柔性制造强调在生产过程中的适应性和灵活性，其核心优势包括具备个性化的定制水平和出色的适应能力，这使得它能够有效应对大规模定制需求。

随着工业4.0的兴起，柔性制造正成为制造业发展的重要趋势。工业互联网、机器人技术、人工智能改变了传统工业的生产与管理方式，让"个性定制""一件起订"的柔性化生产模式变为现实。在面临消费者不断变化的需求和全球竞争环境的背景下，柔性制造将在定制化、响应速度和资源效率方面发挥重要作用。

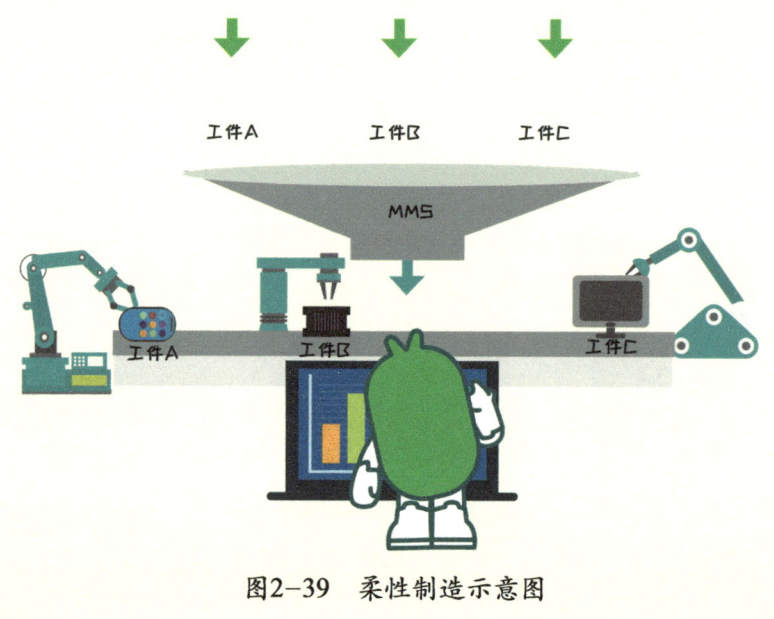

图2-39 柔性制造示意图

② 如何开展工业固废资源化？

工业固废资源化的方式有很多，接下来我给大家举一些典型案例，包括对纸箱、隔板等包装材料进行重复使用，让塑料、木材等工业固废实现厂区内外循环使用，提取转化工业固废中有价值的物质元素以及将工业固废与艺术设计相融合等（图2-40）。

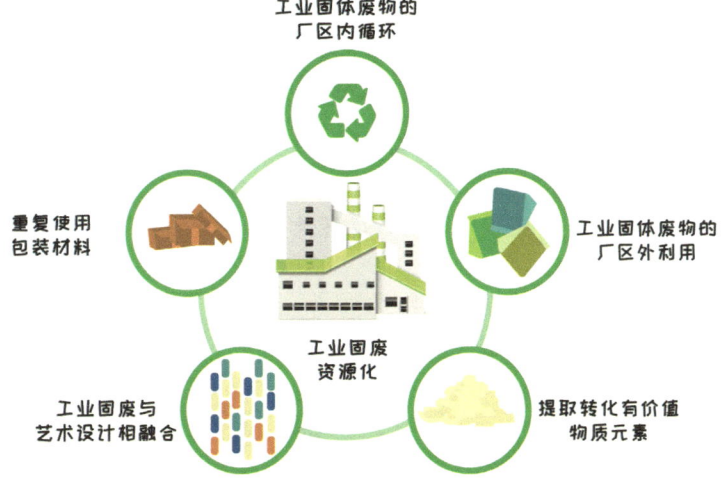

图2-40 工业固废资源化路径

♻ 包装材料重复使用

通过完善企业物流管理体系，企业产品周转过程中使用的胶框、纸箱、隔板等包装材料均可妥善分类并重复使用，同时可将此做法延伸到产品上下游厂商，鼓励其配合执行。以东莞市某企业为例，其通过重复使用包装材料，公司的包装材料使用量每年可减少近50%，年减少工业固废产生量500吨左右。

♻ 工业固体废物的厂区内循环

以塑料和木材为例，某企业原来通过外售将这类有再生资源属性的工业固体废物交给回收公司，进而通过长距离运输、分拣、再加工流程，再回用到社会中。如今在工厂内通过对不良品及边角料、塑胶零件、原料包材太空包、塑胶膜以及废旧木栈板的再利用，在厂区内便实现了物质循环，大大缩短了这些工业固体废物的资源转化路径长度（图2-41～图2-43）。东莞市某企业通过回收1978余吨塑胶，制作成大小胶框50多万个、塑胶栈板16000余块。

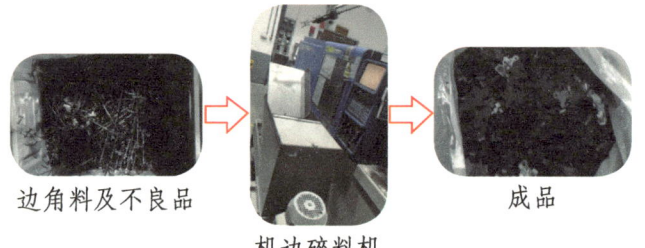

图2-41　塑料不良品及边角料循环使用

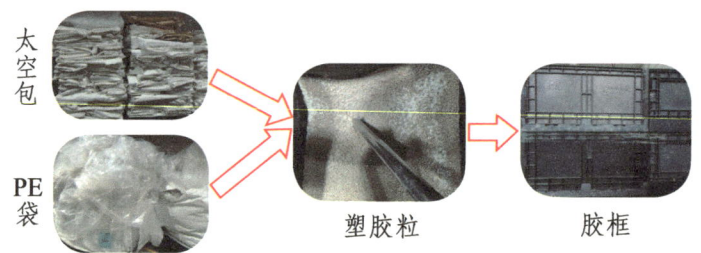

图2-42　回收太空包与PE袋制作胶框

图2-43　废旧木栈板再利用加工

♻ 工业固体废物的厂区外利用

以大岭山镇木制家具企业为例,制作家具产生的部分废边角料可制成刨花板重复利用(图2-44),如某刨花板厂年回收木质家具企业的废木材近3.9万吨,而0.8吨废木材即可压制成1吨刨花板,实现工业固废利用率100%,且废木材回收价约为280元/吨,刨花板售价则为1000元/立方米,经济效益较好;部分废边角料还可制成生物质颗粒燃料,供电厂、水泥厂使用。

图2-44　废旧木材变成用途广泛的刨花板

♻ 提取转化有价值的物质元素

除了利用碎玻璃、废标纸、废纸皮、废塑箱等典型再生资源外,还可从工业固废中提取有价值的物质元素,加以科学处理后,将其转化为资源。以年产5万吨的啤酒企业为例,其每年产生的废酵母浆为750~1000吨,经重新加工后可从中提取核糖核酸、酵母抽提物、葡聚糖、甘露寡糖等,相当于把价值1元的廉价物品,经过加工处理后变为价值100元的宝贝。啤酒企业工业固体废物还有许多资源化途径,如图2-45所示。

图2-45 啤酒企业工业固体废物资源化途径

🔄 工业固废与艺术设计相融合

通过艺术化手法处理工业固体废物，可实现资源的循环利用，提升产品附加值，同时可促进生态文明的传播，提高公众参与度。例如，陶瓷企业使用废料制作产品及工艺品（图2-46）；钟表企业从火箭残骸中取材制作特色系列手表等工艺产品（图2-47）。这些创新性的解决方案让冰冷的工业制品焕发人性的温暖，激发人们情感的共鸣，满足消费者日益增长的精神文化需求。

图2-46 陶瓷废料利用

图2-47 钟表博物馆——从残骸到工艺产品

 **东莞故事**

得利钟表集团

东莞，这座被誉为"世界钟表名城"的城市，见证了钟表产业从萌芽到繁荣的辉煌历程。在这里，钟表制造不仅是一门精湛的工艺，更是创新与艺术交融的典范。1978年，得利钟表集团于香港创立，1989年在东莞市凤岗镇投资设厂，那时的得利还是一家只有两间厂房的来料加工企业，产品利润率非常低。为了推动公司向价值链的高端延伸，得利开始了工艺创新和设计创新，并于2019年打造了时间科普工业旅游基地——钟表文化与时间科学馆，形成集研发设计、生产组装、品牌运营、钟表博物馆、商贸展销、旅游参观等多功能于一体的工业旅游研学基地（图2-48）。

图2-48　得利钟表集团老照片（上）与新照片（下）

 **3 如何实现工业固废规范化、智能化贮存管理？**

工业固体废物种类繁多，其贮存方式与转移途径因固废性质、环境风险及后续处理需求的不同而千差万别。部分工业企业通过引进智能化固废贮存管理系统来实现不同种类工业固废规范分类贮存、提高工业固废回收效率、降低工业固废管理成本和推动工业固废资源循环利用（图2-49）。

图2-49 工业固废规范化、智能化分类贮存

♻ 规范贮存，精准投递

采用库房、包装工具（罐、桶、包装袋等）贮存工业固体废物时，应满足相应防渗漏、防雨淋、防扬散等环境保护要求，所以应规范设计工业固废仓，实现"三防"目的。智能工业固废仓通过采用专人、专卡、专柜的方式，实现精准投递、自动称量，一键式生成固体废物台账标签。

♻ 信息管理，数据决策

智能固废仓配置数字看板，通过可视化分析提升企业数据决策能力，持续降低企业工业固废产废强度、提高企业生产与环保管理水平。企业通过小程序或PC端平台在工业固废智能管家（图2-50）发起工业固废回收预约申请，可自动生成交易订单，生成对应的二维码后可完成产生—贮存—转移—处置的管理闭环。

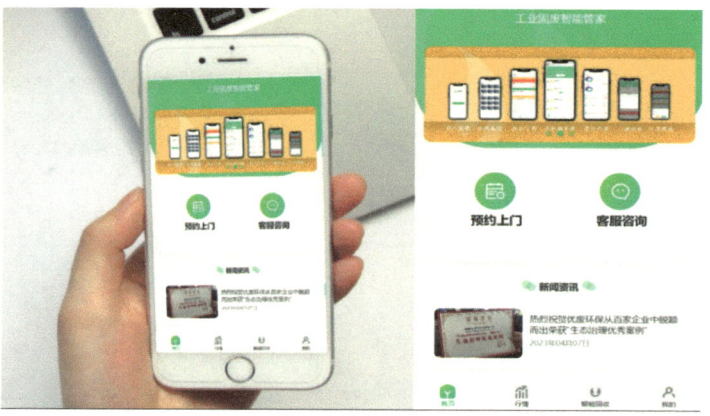

图2-50 工业固废智能管家

④ 能源绿色低碳化的途径有哪些?

可通过优化能源结构和提高能源利用效率的方式实现能源绿色低碳化。优化能源结构的方式主要有以集中供热、移动供热替代自设锅炉,广泛应用清洁能源与可再生能源等;要提高能源利用效率,可通过技术改进和管理升级的方式来达成(图2-51)。

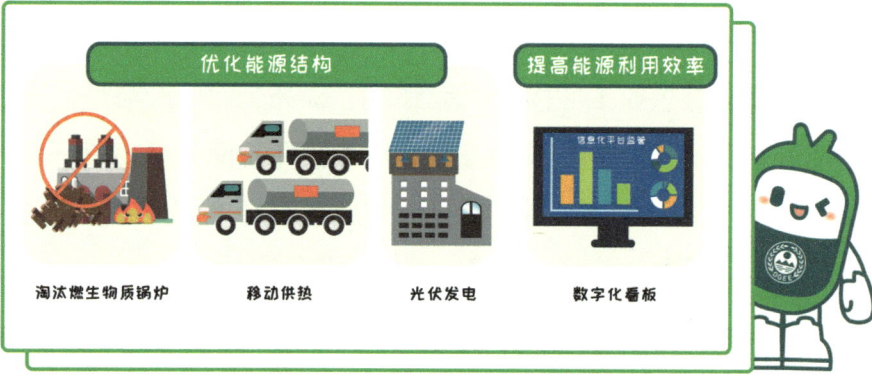

图2-51 工厂能源绿色低碳化路径图

♻ 优化能源结构

企业通过以集中或移动供热替代自设锅炉、应用清洁能源与可再生能源等措施优化能源结构。例如，通过"垃圾焚烧+移动储能供热"技术，东莞海心沙资源基地可向工业企业提供移动式热源，从而替代分散的自设锅炉，其中东莞凯德新能源有限公司年使用移动供应蒸汽4万～5万吨，实现碳减排量约12000吨，成本节约18%以上（图2-52）。部分企业淘汰自设的燃生物质锅炉，使用集中供热，减排减碳效果明显，另有部分企业通过替换使用锂电池叉车、实施光伏发电等，实现绿色能源转型与节能减排。

图2-52　移动储能供热在电池行业的首次深耕

♻ 提高能源利用效率

企业通过提升技术水平和管理水平可以提高能源利用效率，唯美陶瓷采用节能低氮燃烧、分级球磨、余热利用等节能改造技术，持续提升绿色发展水平。部分企业开发"能源管理实时监测数字看板系统"，通过精细化的分项计量、数据分析与统计以及对能耗的有效控制，显著提升了能源利用效率。

知识链接

能源

《中华人民共和国能源法》中所称的能源，是指直接或者通过加工、转换而取得有用能的各种资源，包括煤炭、石油、天然气、核能、水能、风能、太阳能、生物质能、地热能、海洋能以及电力、热力、氢能等（图2-53）。

一次能源，是指以天然形式存在，没有经过加工和转换的能源资源，如原煤、原油、天然气、水能、核能、风能、太阳能等。一次能源经过加工转换得到二次能源，如电力、蒸汽、热水、汽油、煤油等。

化石能源，是指由远古动植物化石经地质作用演变成的能源，包括煤炭、石油和天然气等。非化石能源，是指不依赖化石燃料而获得的能源，包括可再生能源和核能。

可再生能源，是指能够在较短时间内通过自然过程不断补充和再生的能源，包括水能、风能、太阳能、生物质能、地热能、海洋能等。生物质能，是指利用自然界的植物和城乡有机废物通过生物、化学或者物理过程转化成的能源。

氢能，是指以氢作为能量载体进行化学反应释放出的能源。

（a）风能、太阳能

（b）氢能

（c）核能

图2-53 能源

五 工业固体废物利用处置途径

1 工业固体废物的利用处置途径有哪些？

在上一小节中，我们讲述过如何开展工业固废资源化利用，还举了一些有趣的案例。在本节，我们将更加全面地按照大宗工业固体废物、工业固体废物中的再生资源、低值一般工业固体废物三类来分别讲述工业固体废物的利用处置途径（图2-54）。此外，某些工业固体废物的性质特殊，人类受限于科技发展和认知水平，这些工业固体废物当前只能予以贮存和填埋处理，我国《一般工业固体废物贮存和填埋污染控制标准》（GB 18599—2020）对相关环境保护要求进行了规定。

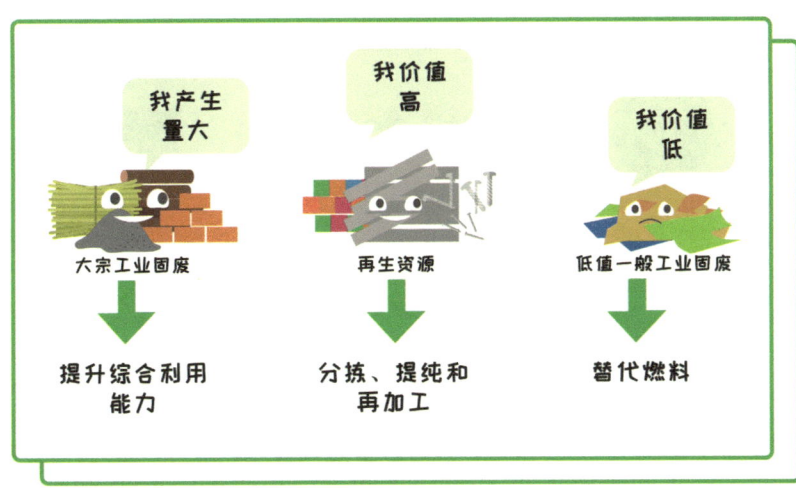

图2-54 工业固体废物的利用处置途径

♻ 大宗工业固体废物的利用处置途径

《关于"十四五"大宗固体废弃物综合利用的指导意见》（发改环资〔2021〕381号）提出要"创新大宗固废综合利用模式"（图2-55），其中大宗固废包含冶炼废渣、粉煤灰、炉渣、煤矸石、尾矿等大宗工业固体废物，并针对新兴产业固废提出"探索规范回收以及可循环、高值化的再生利用途径"。国务院办公厅印发的《关于加快构建废弃物循环利用体系的意见》（国办发〔2024〕7号）中提出："到2025年，大宗固体废弃物年利用量达到40亿吨，新增大宗固体废弃物综合利用率达到60%。"

图2-55　创新大宗固废综合利用模式

工业固体废物中的再生资源的利用处置途径

再生资源特指在社会生产和生活消费过程中产生的，已经失去原有全部或部分使用价值，经过回收、加工处理能够使其重新获得使用价值的各种废弃物。其中，加工处理仅限于清洗、挑选、破碎、切割、拆解、打包等改变再生资源密度、湿度、长度、粗细、软硬等物理性状的简单加工。工业固体废物中蕴含较高的经济价值或资源潜力的可再生类废物属于再生资源，例如废钢铁、废有色金属、高值废塑料等。这部分工业固体废物通过先进的分拣、提纯和再加工技术，可以从中提取出有价值成分，直接用于制造高品质的产品或作为原材料投入再生产流程（图2-56）。

图2-56 工业固废中的再生资源循环

♻ 低值一般工业固体废物的利用处置途径

低值一般工业固体废物包括低值废玻璃、低值废塑料、废木质材料、废纺织材料等，其回收利用价值不高，且缺乏完善的回收体系。东莞市试点建设低值一般工业固体废物回收分选示范基地，通过建设"互联网+回收"网络体系、试点推广智能化分选技术、提供先进替代燃料方案，初步建立了东莞市工业固体废物智能化分选与再利用模式，实现了低值一般工业固体废物的高效收集和资源化利用，推动循环经济快速发展（图2-57）。

（a）AI智能分选机器人

（b）涡电流金属分选机

（c）RDF替代燃料

（d）SRF替代燃料生产线

图2-57 低值一般工业固体废物分选及再利用

> 知识链接

RDF/SRF（替代燃料）

RDF是垃圾衍生燃料（refuse derived fuel）的简称，是通过对生活垃圾进行分类、破碎、分选、干燥、压缩成型等处理而制成的燃料。通过RDF成型机加工可将生活垃圾制成RDF燃料棒（图2-58）。

SRF是固体回收燃料（solid recover fuel）的简称，更侧重于工业固体废物的资源化，通过预处理、除杂、破碎、筛分、分选、成型等单一或组合工艺制备而成（图2-59）。与RDF不同，SRF的原料来源更加广泛，包括工业固体废物、建筑垃圾中的轻物质、废弃木材等。SRF的热值通常比RDF高，因为其原料的热值本身就较高。

图2-58　RDF燃料棒　　　　图2-59　SRF的几种形态

第三章

"无废"生活

    人类在定居后逐步过上了物质丰富的生活，居室经历了从原始居所到复杂建筑的演变。定居意识促进了农业生产的发展，而随着农业生产、手工业的发展和贸易交流的扩大，人类的物质生活也进一步得到丰富。同时，为了满足居民的基本生活需求和促进城市的繁荣发展，人们开始建设和完善市政基础设施，这一系列变化不仅反映了人类生存方式的转变和社会进步的发展轨迹，也为我们今天的生活奠定了坚实的基础。然而，生活条件不断改善的同时又如何保证"无废"生活呢？

    在《"无废"生活》这一章，我们将主要从以下几个方面了解广义范畴生活领域中的"无废"知识。

- "无废"生活领域的固体废物画像
- 城乡生活垃圾分类处理与利用
- 污水污泥的资源化与无害化
- 建筑垃圾再生利用与建设工程工地"无废"路径

    在这一章我们会读到一些有趣的内容，例如：生活中不仅有预制菜，还有预制楼板、预制梁板……从某种程度上说，书籍也可以视为一种"预制"的知识产品，读者对这些预制的知识产品通过自己的认知进行理解和内化，就能转化为真正的知识了。把书籍看作一种像预制菜一样的预制品，有意思吧！

一 "无废"生活领域的固体废物画像

1 我国生活垃圾如何分类?

"分类"是解决生活垃圾问题的金钥匙,城乡生活垃圾分类应结合本地区垃圾的特性和处理方式选择合适的垃圾分类方法。东莞市在前端分类投放环节采取"大分流、小分类"的方式,对建筑垃圾、大件垃圾、园林绿化垃圾等进行大分流;对生活垃圾按照四分法进行小分类,分为可回收物、厨余垃圾、有害垃圾和其他垃圾四大类(图3-1)。

图3-1 生活垃圾分类

♻ 可回收物

可回收物是指适宜回收和可资源化利用的生活垃圾,包括纸制品、塑料制品、玻璃制品、纺织品和金属等(图3-2)。

图3-2 可回收物种类

♻ 厨余垃圾

厨余垃圾是指以有机质为主要成分，具有易腐烂、发酵、发臭等特点的生活垃圾，包括家庭产生的厨余垃圾和餐饮服务、机团单位食堂、集贸市场等产生的餐厨垃圾和其他厨余垃圾，也包括家庭产生的小型树枝、花草、落叶等（图3-3）。

图3-3 厨余垃圾种类

有害垃圾

有害垃圾是指纳入《国家危险废物名录》中的家庭源危险废物，属于有害物质、需要特殊安全处理的生活垃圾，包括对人体健康或自然环境造成直接或潜在危害的灯管、家用化学品和医药用品等（图3-4）。

图3-4 有害垃圾种类

其他垃圾

其他垃圾是指除可回收物、厨余垃圾、有害垃圾以外的其他生活垃圾。

知识链接

生活垃圾分类是"关键小事"

生活垃圾分类是习近平总书记亲自部署、亲自推动的"关键小事"。2018年11月6日，习近平总书记在上海市虹口区市民驿站嘉兴路街道第一分站强调"垃圾分类工作就是新时尚!"2023年5月21日,习近平总书记给上海市虹口区嘉兴路街道垃圾分类志愿者回信,对推进垃圾分类工作提出殷切期望。

住房和城乡建设部在2024年5月22日于宁波市召开的全国城市生活垃圾分类工作现场会上宣布,全国地级及以上城市居民小区的垃圾分类覆盖率达到了92.6%,超过了90%的覆盖率,这标志着垃圾分类工作在全国范围内取得了显著的进展。会议还指出,全国21个省(自治区)、173个城市出台了垃圾分类方面的地方性法规和政府规章,其中,46个重点城市已经率先建立了比较完备的垃圾分类投放、分类收集、分类运输、分类处理系统,其他地级城市的分类体系建设也在加快推进。

❷ 污水污泥是如何产生的?

污水污泥是指未接纳工业废水的城镇污水处理厂产生的污泥,在《固体废物分类与代码目录》中的ID是462-001-S90,是一种含水率高、有机质含量高并含有大量寄生虫卵与病原体的固体废物,主要由微生物菌体、有机残片、无机颗粒等组成(图3-5)。

图3-5 城镇污水处理厂主要工艺流程

城镇污水处理厂中污水的来源

在城市中,雨水和污水分别通过雨水和污水管道进行收集、转输,它们只有"各行其道"才能保证排水系统充分发挥效益。城镇污水处理厂处理的污水来源颇为多样,其中主要为生活污水,大约占据了城市污水总量的60%~80%(图3-6),医院、学校、餐馆等场所也会产生各种各样的污水。有些城镇污水处理厂还会接收部分来自工业生产活动的废水,比如化工、冶金、制药、造纸等行业企

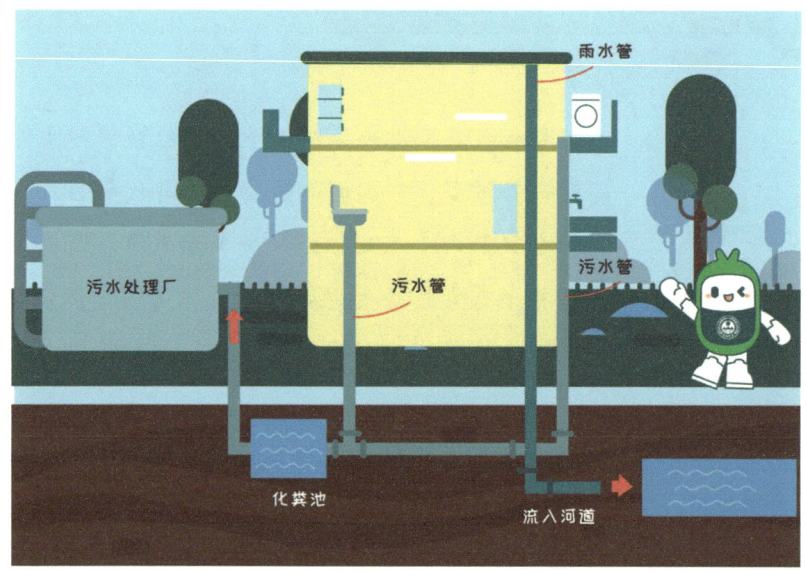

图3-6 生活污水及雨污分流

业排放的废水等，这种混合工业废水处理后的污泥性质不一，需要进行专门的鉴别和管理，不在本小节所指污水污泥的范围内。

♻ 剩余污泥的产生

微生物在污水处理过程中"大有作为"，通过人工培养、驯化，微生物群体形成"活性污泥"，可发挥高效降解有机物、氮、磷等污染物的作用。"活性污泥"中的微生物"吃"掉污水中的有机物质从而生存、繁衍，这些微生物在新陈代谢的同时会有一部分老的微生物死亡，从而产生剩余污泥。单纯用于处理生活污水的城镇污水处理厂，其产生的污水污泥通常情况下不具有危险性，可作为一般固废进行管理。通过对剩余污泥进行浓缩、调质、脱水、稳定、干化、热解等处理，剩余污泥可以变成含水率不同的污水污泥（图3-7）。

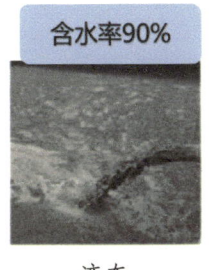

含水率90%	含水率60%	含水率30%	含水率3%
液态	塑态	固态	固态

图3-7 不同含水率的污水污泥性状

 **东莞故事**

市区水质净化厂

东莞市水务集团净水有限公司旗下的市区水质净化厂成立于2002年6月，是东莞市政府进行环境治理的重点工程之一。厂区占地面积46万平方米，分一、二、三期建设，日处理生活污水能力为40万吨，是目前东莞市最大的三级生活污水处理厂，服务面积96平方千米（图3-8）。

东莞市水资源保护科普教育基地依托市区水质净化厂的平台，结合污水处理工艺流程，向市民讲解生活污水的净化之旅。市水资源保护科普教育基地集水资源保护知识讲解、小讲堂及参观接访等多功能于一体，并通过体验式、互动式的教育互动、实验演示和专业解说，帮助公众不断汲取保护水资源的知识，树立正确的自然观、生态观和价值观，使公众在潜移默化中养成保护水资源的责任和行为。

图3-8 东莞市市区水质净化厂

 **知识链接** **活性污泥的组成**

活性污泥是一个生物体系，它的组成主要包括菌胶团、丝状细菌、原生动物和后生动物等。菌胶团是活性污泥的主要组成部分，其内部含有大量的微生物，它们通过分解有机物质来生长和繁殖。

丝状细菌以絮状或丝状形态存在于污泥中，能够促进污泥的吸附和沉淀。同时，活性污泥中还包含了一些微型动物，如轮虫、线虫等，这些生物可以帮助污泥消化和分解有机物质。活性污泥的形态和组成会因为处理废水的方式不同而有所变化（图3-9）。

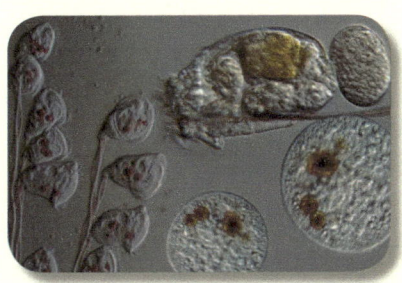
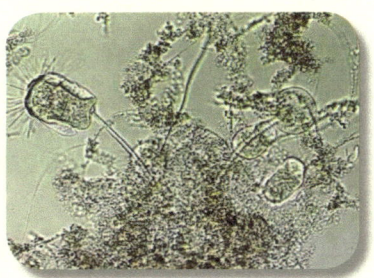
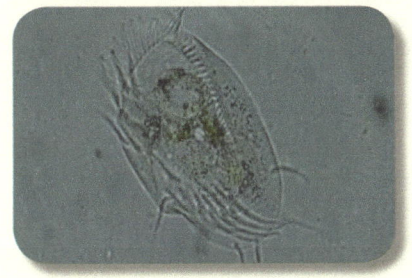
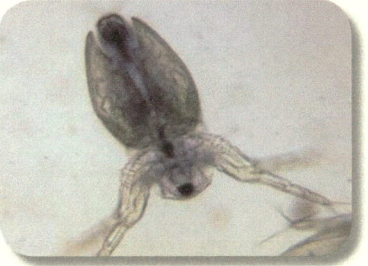

图3-9　活性污泥中的生物

❸ 建筑垃圾如何分类及存在什么污染问题？

根据《固体废物分类与代码目录》，建筑垃圾按产生来源可分为工程渣土、工程泥浆、工程垃圾、拆除垃圾、装修垃圾五类。按组成分类，建筑垃圾可分为渣土、混凝土块、石膏、砖瓦碎块、废砂浆、泥浆、沥青块、废塑料、废金属、废竹木等（图3-10）。

图3-10 建筑垃圾分类

♻ 建筑垃圾定义

建筑垃圾指建设单位、施工单位新建、改建、扩建和拆除各类建筑物、构筑物、管网等，以及居民装饰装修房屋过程中产生的弃土、弃料和其他固体废物。随着城市化进程的加快，建筑垃圾的产生量急剧增加，据中国战略性新兴产业环保联盟公布的数据，2023年，我国建筑垃圾占城市垃圾总量的40%以上，建筑垃圾年产生量超过30亿吨。

♻ 建筑垃圾污染问题

相较于巨大的建筑垃圾产生量，目前我国建筑垃圾资源化利用率不高。我国长久以来对建筑垃圾的处理方式主要是堆放或者填埋，资源化利用率一直较低，易造成土地浪费、侵占水体、滑坡风险等问题（图3-11）。为了解决这些问题，要从提高技术水平、完善政策法规、加强监管执行等方面入手，推动建筑垃圾的资源化利用，减少环境污染。

（a）重型卡车向江内倾倒弃渣　　（b）建筑渣土弃置场内堆存的垃圾

图3-11　建筑垃圾非法处置现象

二、城乡生活垃圾分类处理与利用

 **1 如何推进生活垃圾分类并提升处置效能？**

要想生活垃圾分类真正落地见效，首先要转变公众认知，要构建政府推动、部门联动、全面发动、全民互动的垃圾分类参与组织体系（图3-12）；其次，要结合城市空间布局、生活垃圾处置能力等因素，合理制定生活垃圾分类各环节的工作计划、工作制度，推动分类设施建设运行。

图3-12 东莞市垃圾分类做法与成效

🌱 全方位立体式开展宣传引导

东莞市为打造"莞味"生活垃圾分类新时尚，共建有36个垃圾分类主题宣教馆和2个科普实践基地，增强了市民互动；成立了不少于30支垃圾分类莞香花讲师队伍、60支志愿服务队伍，深入学校、工厂、村（社区）开展宣传活动（图3-13）；邀请东莞宏远篮球明

（a）向中小学生宣讲

（b）主题曲艺专场进村入户活动

图3-13 东莞市生活垃圾分类"莞香花行动"讲师团活动

星队担任宣传推广大使，宣传东莞市生活垃圾分类口号"生活垃圾分类放，品质东莞新时尚"；举办生活垃圾分类五大赛事，推动低碳环保理念的传播（图3-14）。

图3-14　生活垃圾分类五大赛事

♻ 优化垃圾分类各环节流程

结合东莞独特的城市布局、生活垃圾处置能力等因素，东莞市推动28个镇、80%以上村（社区）提升垃圾分类成效，统筹"城乡"一体化推进，聚焦垃圾分类前端、中端和末端，优化各环节流程，全面提升生活垃圾分类处置效能（图3-15）。

图3-15　生活垃圾分类处置流程

❷ 厨余垃圾收集后都去了哪里？

利用厨余垃圾有机物含量高的特点，可以通过处理加工将其转化为肥料、饲料，还可以将其作为生产沼气、生物燃料的原料（图3-16）。

图3-16 厨余垃圾资源化利用路径

♻ 利用厨余垃圾生产有机肥

在有氧环境下，利用微生物可将厨余垃圾中的有机质转化为可供植物利用的有机肥料，处理后的餐厨垃圾将成为无毒、无害、无污染的有机肥，实现厨余垃圾再利用（图3-17）。

图3-17 利用厨余垃圾生产有机肥

♻ 利用厨余垃圾进行生物质转化

黑水虻又名凤凰虫,为腐生性的水虻科昆虫(图3-18),其幼虫能够以厨余垃圾作为食物,产生的粪便及残渣可用于绿化、农作物施肥。黑水虻幼虫及虫蛹被冷冻或烘干后可作为饲料,从而形成生态、生物链闭环。

图3-18 黑水虻成长过程

♻ 利用厨余垃圾生产燃料

通过三相分离设备,将厨余垃圾浆液分离成水、油、渣三种形态,油经处理后可作为工业毛油,有机固渣可用作黑水虻养殖饲料,其余物料进入厌氧消化系统进行发酵处理。在无氧或缺氧条件下,通过多种厌氧微生物菌群协同作用,可将厨余垃圾中的有机物进行多次分解,最终产出甲烷和二氧化碳等。厨余垃圾产生的沼气经过提纯、净化、脱硫、脱碳之后可形成天然气,提供至城市燃气系统(图3-19)。

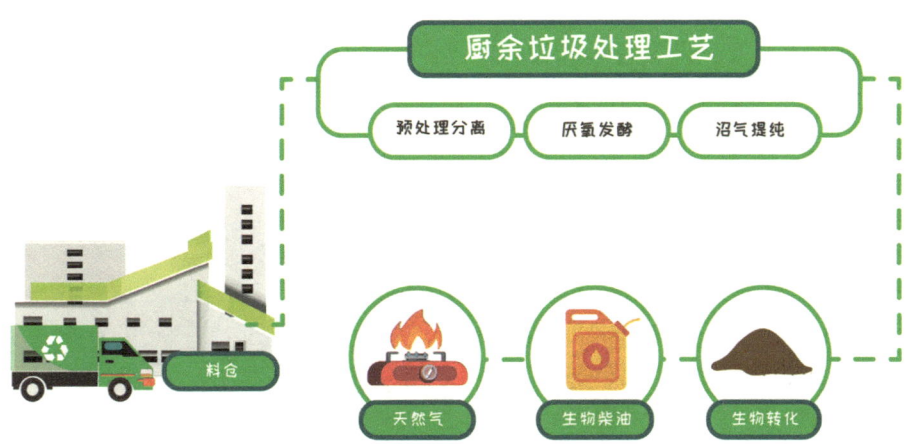

图3-19 厨余垃圾处理工艺

东莞故事

厨余垃圾"集中+就地"处理模式

东莞市通过厨余垃圾"集中+就地"处理模式，截至2024年11月，建有市集中处理设施5座、就地处理设施46座，总处理能力达到2191吨/日，处理工艺包括了厌氧综合处理、生物能转化、好氧微生物发酵降解等。

集中式厨余垃圾处理厂主要为东莞市部分机关事业单位、学校、商圈等提供厨余垃圾收运处理服务，代表项目麻涌餐厨垃圾处理厂是东莞作为国家第四批餐厨垃圾资源化利用和无害化处理试点城市的首个项目，填补了东莞市厨余垃圾资源化处理的空白；各镇街（园区）根据辖区需求建成分散式厨余垃圾处理项目，主要为各镇街（园区）辖区内的农贸市场、住宅小区等提供厨余垃圾收运处理服务（图3-20）。

（a）麻涌餐厨垃圾处理厂

（b）茶山镇厨余垃圾处理中心

（c）谷涌社区厨余垃圾处理示范中心

（d）东莞市昆虫生物能转化厨余垃圾收运处理项目

图3-20 东莞市厨余垃圾处理项目

③ 有害垃圾如何变得"无害"？

将有害垃圾分类出来并通过安全化、规范化收运，转交有资质的危险废物处置单位进行安全处置，可以实现有害垃圾"无害化"（图3-21）。日常生活中，大家要记得将有害垃圾投入到有害垃圾收集容器（红色塑料桶）中哦！

图3-21 有害垃圾收集转运流程

有害垃圾收集转运

为了安全化、规范化收运有害垃圾,东莞市探索构建有害垃圾"属地收集、统一收处"链条,由各镇街(园区)负责将辖区内产生的有害垃圾收集至临时贮存点,再由市委托有资质的企业前往各临时贮存点进行收运,最终统一交由有资质的危险废物处置单位处理。

4 可回收物收运体系是怎样的?

在生活垃圾种类中,可回收物往往被视为再生资源的重要组成部分。为加强再生资源回收利用,我国推进生活垃圾分类收运与再生资源回收"两网融合",鼓励地方建立再生资源区域交易中心(图3-22)。

图3-22 "两网融合"收运体系

生活垃圾中的再生资源（可回收物）

生活垃圾中的再生资源（可回收物）是指适宜回收的、可资源化利用的生活垃圾，主要包括废弃的纸、塑料、金属、包装物、纺织物、电器电子产品、玻璃等（图3-23）。

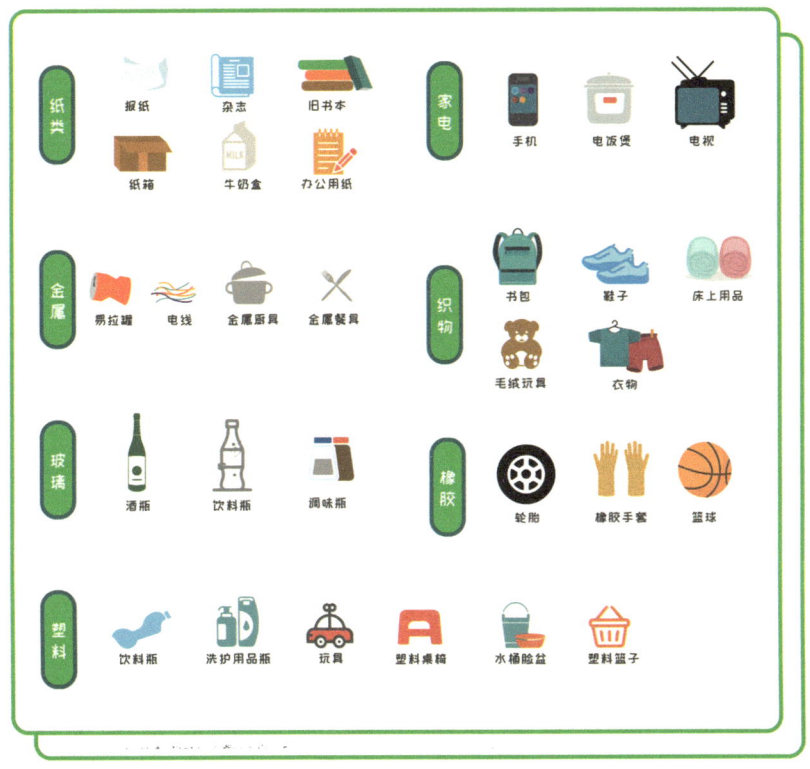

图3-23 可回收物种类

实行"两网融合"

生活垃圾分类收运与再生资源回收属于两套回收系统，"两网融合"就是要把这两个体系从源头投放、收运系统、末端处置三个环节进行统筹规划设计，实现投放站点的整合统一、作业队伍的整编、设施场地的共享等，使不同类型垃圾得到循环、再生利用和合理处置，资源利用效率达到最大化。

 **东莞故事**

低值可回收物范例：旧纺织物

东莞市持续推进生活垃圾分类网点与再生资源回收网点"两网融合"，推动低值可回收物资源化利用示范项目建设，统一规范的废旧纺织品专用回收箱和线上回收平台逐渐走入居民的视野（图3-24）。居民使用手机扫码登陆账号，将需投放的衣物放在回收箱参考位置，然后拍照上传，回收系统后台即可通过AI智能识别技术推算投放衣物的重量，并向居民支付回收费用，这样提高了现场定点投放时重量确定、费用支付的效率。同时，居民可以通过邮寄的方式将废旧纺织物寄往分拣中心进行回收处理。

在东莞市低值可回收物集中分拣中心，回收后的废旧纺织品一般分为夏装、冬装、鞋子、包、床上用品五大类，在分拣中心会按可出口、可做工业擦布、可拆解做再生化纤等进行分类，再进入整理、消毒、加工、打包等环节（图3-25）。

图3-24　废旧纺织品专用回收箱

图3-25　东莞市低值可回收物集中分拣中心

⑤ 其他垃圾如何实现"零填埋、全焚烧"？

其他垃圾首先要应收尽收、日产日清，其次，须建设生活垃圾焚烧厂（环保热电厂），保障有足够的其他垃圾处理能力（图3-26）。

图3-26 其他垃圾"零填埋、全焚烧"

♻ 建立其他垃圾收运体系

不同城市的其他垃圾收运体系不同，东莞市其他垃圾采取"直收直运+中转站"的收运模式。当其他垃圾产生量较大、产生地点到集中处理处置设施的距离较远时，为了减少其他垃圾长距离清运的运输费用，可以在垃圾产地（或集中地点）至处理处置设施之间设置垃圾压缩和中转设施，以提高垃圾清运效率，降低垃圾运输成本（图3-27）。

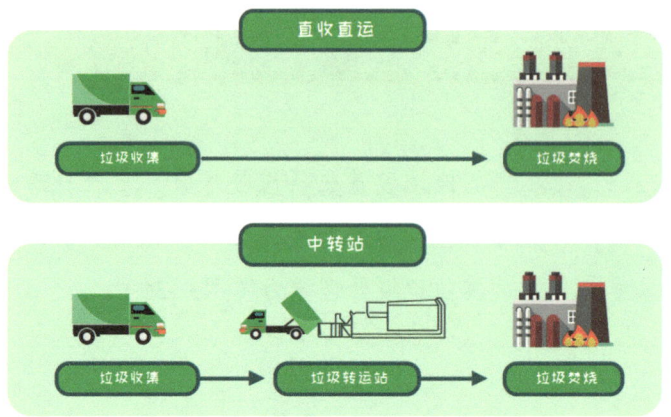

图3-27 其他垃圾的不同收运模式

♻ 生活垃圾焚烧厂

通过焚烧处理,垃圾减量效果显著,消灭病原体的同时还能回收热能,实现资源的循环利用(图3-28)。东莞市建有5座环保热电厂,焚烧能力为14750吨/日,实现了东莞市新增生活垃圾"全焚烧、零填埋"的战略目标。现代垃圾焚烧炉配备了先进的烟气净化系统,能够有效去除烟气中的有害物质,确保烟气排放符合环保标准。

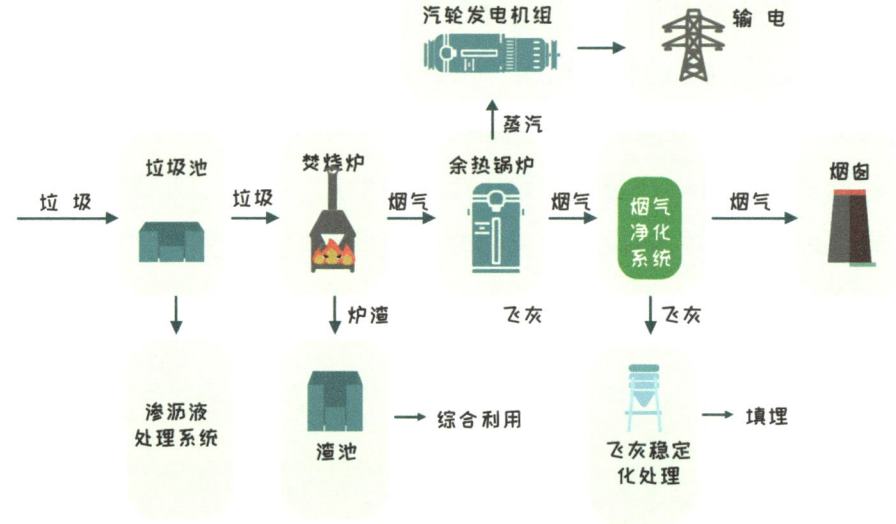

图3-28 生活垃圾焚烧发电流程图

6 大件垃圾能资源化利用吗?

大件垃圾是低值可再生资源,也是生活垃圾中重要的品类。采用专业的资源化处置生产线,可以有效解决大件垃圾的处理难题,实现资源的高效循环利用(图3-29)。

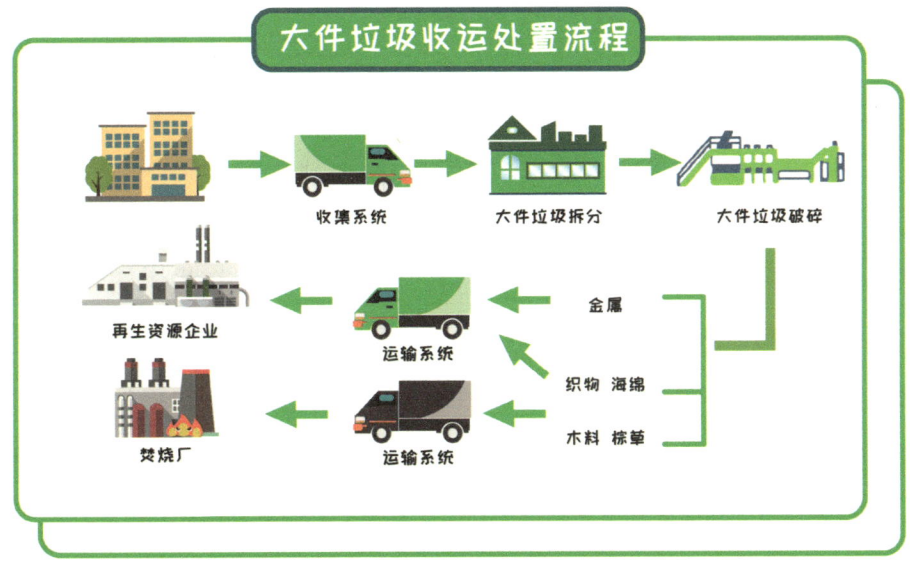

图3-29 大件垃圾收运处置流程

认识大件垃圾

大件垃圾是指日常生活中产生的重量超过5千克,或者体积超过0.2立方米,或者长度超过1米、整体性强需拆解处理的废旧生活和办公家具,包括废旧沙发、废旧床铺、废旧柜子、废旧床垫等(图3-30)。

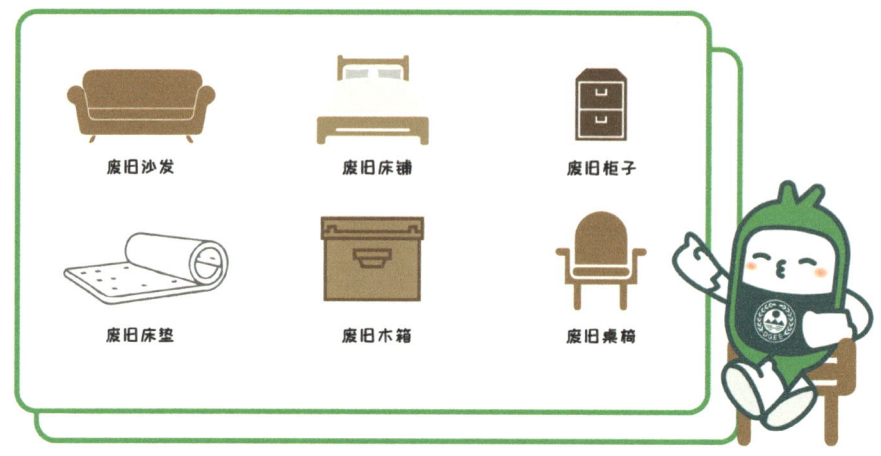

图3-30　大件垃圾的种类

♻ 大件垃圾资源化处置工艺

大件垃圾经过人工拆解与机械破碎后形成小粒径物料，有利于提高后续分选和利用的效率。常用的分选工艺有：风选，利用风力将破碎后的物料分为重物料和轻物料，轻物料适合作为燃料棒的原料，而重物料一般可从中分离出可回收物；磁选，通过磁选机将重物料中的金属和木料分离出来，金属可以再利用，木料可作为生物质热电厂的燃料或加工成三合板等建筑材料，实现资源的循环利用（图3-31）。

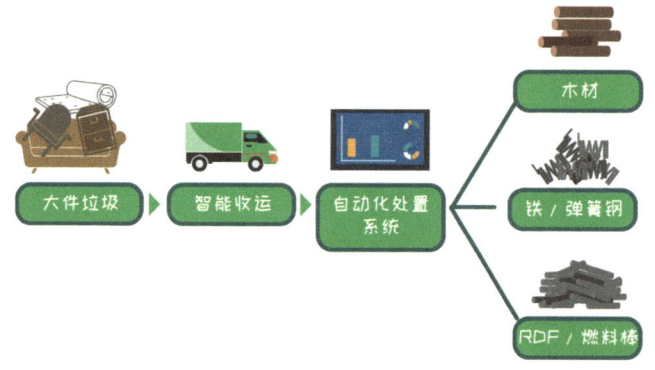

图3-31　大件垃圾资源化利用

7 为什么要清理整治存量垃圾？

存量垃圾清理整治可以为城市发展腾挪土地、减少环境污染风险，对于实现土地资源的有效利用、促进资源循环利用以及改善生态环境具有重要意义（图3-32）。

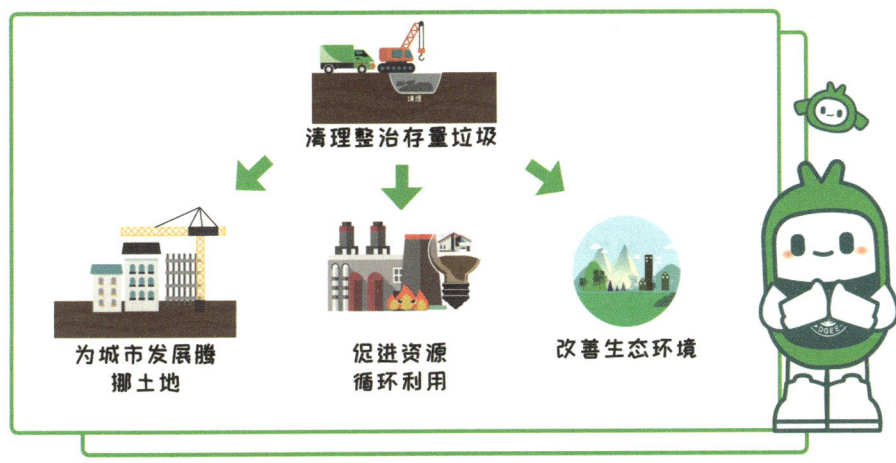

图3-32 清理整治存量垃圾的意义

认识存量垃圾

存量垃圾是指以前的垃圾填埋后，现在需要重新处理的陈腐垃圾。这类垃圾通常年限较长，以前因为处理技术落后，所以直接进行了填埋，现在需要更新和改进处理方式（图3-33）。

图3-33　存量垃圾填埋场

♻ 为城市发展腾挪土地

从城市发展规划上看，随着各经济发达地区土地资源日趋紧张，填埋场占用的土地作为城市稀缺资源的战略价值愈发凸显，通过逐步清理存量垃圾，可以盘活填埋场土地，为城市发展腾挪土地。

♻ 促进资源循环利用

重新开挖处理的存量垃圾中含有可燃物，可用于焚烧发电；腐殖土可用于园林绿化或作为垃圾填埋场填埋作业二次覆盖土；经过筛分处理后产生的无机物（粗骨料）可作为垃圾填埋作业区临时道路的筑路材料，其中一部分的无机物（粗骨料）在经过深加工后还可用于城市道路两侧绿化树木土地表层覆盖的附属材料，减少种植土的使用量，降低扬尘的发生概率（图3-34）。

♻ 改善生态环境

由于历史原因，大量非正规填埋场未采取环保防护措施，这不仅造成了土地闲置，更重要的是对周边土壤及地下水造成了污染。清理整治存量垃圾可以减少对环境的污染，特别是对于非正规填埋场，通过综合治理可以消除污染源，改善生态环境。

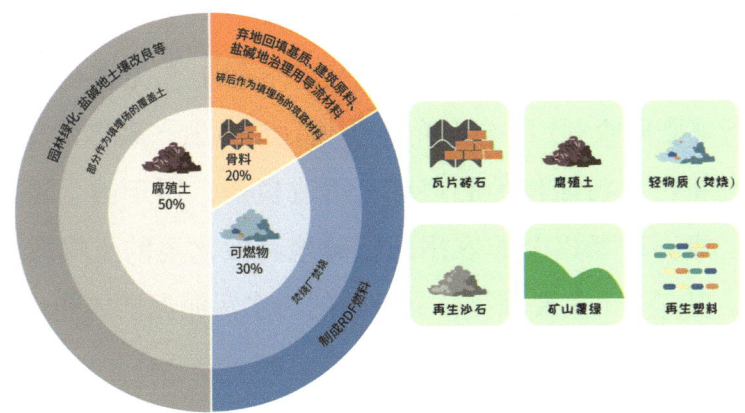

图3-34 存量垃圾处置后产物占比及用途

三 污水污泥的资源化与无害化

 **1 处理污水污泥的方式有哪些？**

我国污水污泥处理技术总体呈现多样化特点，可将其进行肥料化、材料化及燃料化利用，也可将其填埋，但填埋不是发展的主流方向，而是作为备用和应急的手段（图3-35）。

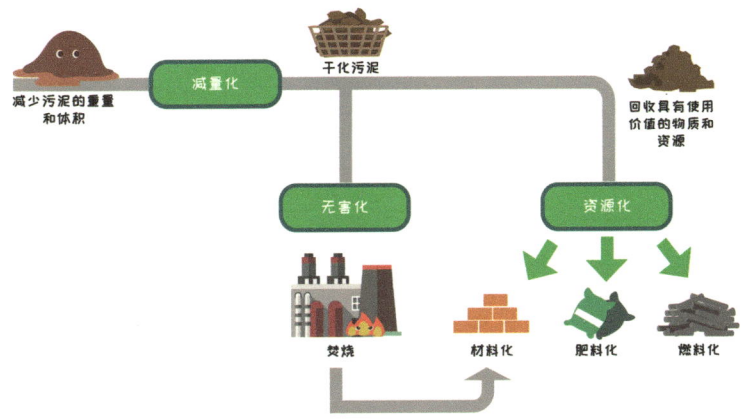

图3-35 污水污泥处理流程

♻ 污水污泥肥料化

污水污泥经过厌氧消化或好氧发酵堆肥工艺无害化处理后，可以进行堆肥回收利用，能较好地保留污泥中氮、磷等营养物质。国家鼓励将污水污泥作为肥料或土壤改良剂，用于国土绿化、园林建设、废弃矿场以及非农用的盐碱地和沙化地的土壤改良（图3-36），但有一个重要前提：处理后的污水污泥泥质要能达到国家及地方的相关标准和规范要求。

图3-36　污水污泥肥料化

♻ 污水污泥材料化

污水污泥可采用污泥热干化、污泥焚烧等处理方式制作成水泥添加料、砖块、轻质骨料和路基材料等建筑材料（图3-37），但应符合国家和地方的相关标准和规范要求，并严格防范在生产和使用中造成二次污染。

（a）砖块

（b）陶粒

图3-37　污水污泥材料化成品

♻ 污水污泥燃料化

污水污泥中含有的有机生物质具有可燃性，是一种生物质资源，可直接将其作为低热值燃料在火力发电厂焚烧炉、水泥窑或砖窑中进行混合焚烧（掺烧），在焚烧（掺烧）前还可通过"低温负压干化+成型制粒"技术工艺降低污水污泥的含水率，将其制成生物质燃料（图3-38），提高热值、降低运输成本。还可以通过建设专门的污泥干化焚烧设施使其实现单独焚烧。

（a）低温负压干化设备　　　　　（b）生物质燃料成品

图3-38　污水污泥制备生物质燃料的设备及成品

 **东莞故事**

东莞市集中式污泥焚烧处理处置设施

2024年是中法建交60周年，5月6日，在中法两国商务部门的共同见证下，东莞市属国企东莞市水务集团有限公司与法国苏伊士集团在法国巴黎共同签署了一项合作协议——在东莞市建设世界级的集中式污泥处理处置设施。为彻底破解东莞全市生活污水处理厂污泥处理处置难题，东莞市委市政府统筹规划了东莞市污泥集中处理处置项目，该项目设计处理规模为2000吨/日（按含水率60%计），总投资约19.18亿元，是全球最大的生活污泥独立焚烧处理处置项目，预计于2025年底建成。

项目通过将污泥中的有机质转为绿电，满负荷运行时年发电量为9600万度，相当于减排二氧化碳5.5万吨；应用废水零排放工艺，年回用废水40万立方米；采用太阳能光伏发电技术年发电量260万度，进一步提高绿色能源的利用率。法国苏伊士集团作为全球领先的循环水和固废管理解决方案提供商，将为本项目核心工艺设备（焚烧系统和烟气系统等）提供设计、供货和安装与工程技术等支持（图3-39）。

图3-39　东莞市集中式污泥处理处置设施效果图

四 建筑垃圾再生利用与建设工程工地"无废"路径

1 建筑垃圾如何再生利用？

建筑垃圾构成丰富，所以再生利用的途径也多种多样（图3-40）。废弃水泥、混凝土、砖瓦可以加工成再生骨料用于环保再生砖生产、道路铺设、地基加固等；废弃木头、钢筋、塑料经过分类和加工也能成为工业原料被二次利用。让我们一起来看一下再生骨料是如何生产的吧！

图3-40 建筑垃圾再生利用途径

♻ 颚破

建筑垃圾进入处理厂,首先"接棒"的是颚式破碎设备,简称"颚破"(图3-41)。作为一级破碎设备,颚破会先使用颚板,它像后槽牙一样,会把建筑垃圾"磨碎";接着用除铁器,将建筑垃圾中的金属分离出来。

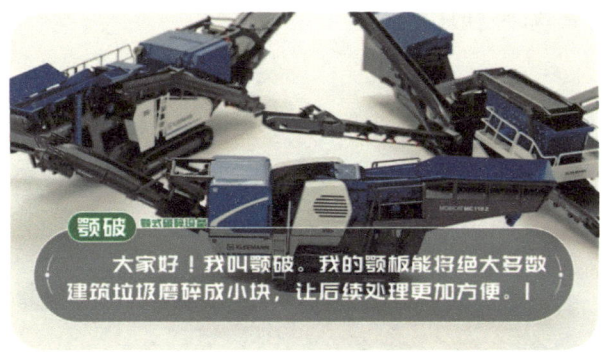

图3-41 颚式破碎设备

反击破

第二棒"接力"的是反击式破碎设备,简称"反击破"。首先,它会对来料进行一次简单的预筛;然后,它的转子锤头和反击板会像一对乒乓球拍一样,来回反复击打建筑垃圾,使建筑垃圾破碎成满足混凝土和沥青混合料制作要求的颗粒(图3-42)。

图3-42 反击式破碎设备

筛分

最后一棒"接棒"的则是移动式筛分设备,简称"筛分"。筛分内置三层可更换的筛网,能依照各种再生利用需求,对破碎后的颗粒进行精细分拣,完成表层土、砂砾、骨料的筛分,使再生利用更加便捷(图3-43)。就这样,建筑垃圾被分解成不同的骨料,接着就可以进行资源再利用。

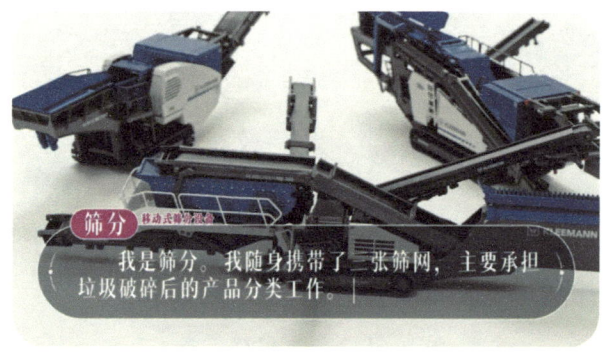

图3-43 移动式筛分设备

知识链接

骨料

骨料是混凝土及砂浆中起骨架和填充作用的粒状材料,有细骨料和粗骨料两种。细骨料颗粒直径在0.16～4.75毫米之间,一般采用天然砂,如河砂、海砂及山谷砂等作为细骨料,当缺乏天然砂时,也可用坚硬岩石磨碎的人工砂替代;粗骨料颗粒直径大于4.75毫米,常用的有碎石和卵石。长期以来,由于砂石骨料来源广泛,价格低廉,被认为是取之不尽、用之不竭的原材料而被随意开采,从而导致资源枯竭、山体滑坡、河床改道,严重破坏了自然环境。

建筑垃圾再生骨料可以有效利用废弃建筑物和构筑物中的混凝土、砖块、石头等材料,通过破碎、筛分、清洗等工艺加工后,再次用于混凝土、水泥制品、路基工程等领域。这样不仅能避免大量垃圾填埋,还能减少对自然资源的开采,实现资源的可循环再生利用(图3-44)。

图3-44　建筑垃圾再生骨料

② 住房建设工程工地"无废"路径有哪些？

住房建设领域"预制菜"来咯！通过采用预制叠合楼板、预制ALC墙板等预制组件和装配式施工技术（图3-45），可大幅降低水泥砂浆、混凝土、木材等原材料使用量，减少施工人员数量需求，缩短施工时间，减少建筑垃圾产生量，再结合其他源头减量措施，可全方面实现工地"无废"施工。

图3-45 装配式施工技术

采用预制叠合楼板

现在工地越来越多的建筑采用的是装配式施工技术，墙、板、柱、梁、楼梯等都是在工厂预制好的，建房子如同搭乐高，把构件一点点拼装起来，就建成了一栋大楼。预制房屋是一种采用工业化生产方式建造的建筑，其组件在工厂内预制，然后运输到施工现场进行组装形成完整结构（图3-46）。这种施工方法也被称作"预制化"施工，它利用了工厂化生产的优势，提高了建造效率和建造品质。

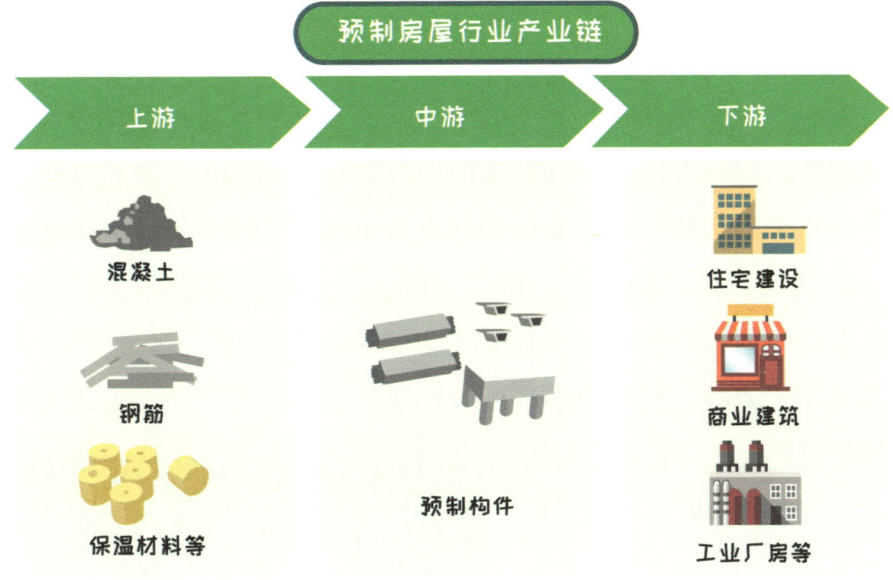

图3-46 预制房屋行业产业链

预制叠合楼板是在工厂预制生产，然后运输至现场再使用吊装方式进行安装的楼板。由于生产现场与施工现场实现分离，故提高了安全性，也大幅减少了现场钢筋绑扎的工作量及混凝土现场浇筑量，避免了施工现场的混乱，同时还减少了模板的使用。东莞虎门深物业项目（装配式）每层楼（210平方米）使用32块预制叠合楼板，每栋楼共使用544块；每层楼安装预制叠合楼板只需约4位工人，施工时间约需3小时（图3-47）。相较传统施工方式，东莞虎门

图3-47 预制叠合楼板安装施工现场

深物业项目（装配式）通过使用预制叠合楼板，减少建筑垃圾排放70%，节约木材60%，节约水泥砂浆55%，现场粉尘和噪声污染也大幅降低。

♻ 采用预制ALC墙板

ALC板材以水泥、石灰、硅砂等为主要原料，并可根据结构要求添加不同数量经防腐处理的钢筋网片，经高温高压、蒸汽养护后制作成具有多孔状结晶的蒸压加气混凝土板，其密度较一般水泥材料小，且具有良好的耐火、防火、隔音、隔热、保温等优良的性能。东莞虎门深物业项目（装配式）每层楼（190平方米）使用130块预制ALC墙板，每栋楼各采用2210块；每层楼安装预制ALC墙板只需约2位工人，施工时间约3~5天（图3-48）。ALC板材重量仅为实心砖墙的八分之一，搬运方便，施工工艺简单、效率高，可有效地缩短建设工期，且作为内隔墙，砂浆使用量可降低80%。

图3-48　预制ALC墙板安装施工现场

♻ 采用铝合金模板

铝合金模板以铝合金型材为主要材料，经过机械加工和焊接等工艺制成，是适用于混凝土工程的模板，具备轻量化、强度高、加工精度高、单块幅面大、拼缝少、施工方便、周转次数多

图3-49　铝合金模板安装施工现场

和回收率高等综合优势，同时可实现建筑墙体免抹灰，能有效减少建筑材料使用，从而降低资源消耗。东莞虎门深物业项目（装配式）共有13栋高层楼采用铝合金模板进行施工，每栋楼投入模板的展开面积约3.3万平方米，每层楼铝合金模板安装施工时间仅约3天（图3-49）。

废物回收，实现资源重组

施工现场通过设置废旧金属、废旧木材、水泥渣土类、危化废物、混合类建筑垃圾五类垃圾临时存放池进行废物回收，将可利用的金属类垃圾制作成马凳筋、排水沟、洗车槽、防护门、同养试块笼等进行场内周转利用；将废旧木材加工成洞口防护盖板、楼梯间防护踢脚板、后浇带防护盖板、施工现场灭烟盒等。不可利用的建筑垃圾由废物再利用资源单位进行再分类，制作成碎石、再生混凝土、广场砖、路沿石、生物质燃料颗粒、塑料颗粒等。

东莞故事

无废工地建设

2023年12月，东莞发布了广东省首个无废工地的团体标准——《建筑工程施工无废工地评价规范》，引导各类建筑施工企业遵守绿色施工、资源循环利用、管理碳排放等规定，努力创建无废工地。此外，市住房和城乡建设局等11部门联合发文，进一步明确建筑垃圾资源化利用及再生产品推广应用有关事项，建筑领域再生产品应用有了新的指引和规范。

❓ ③ 交通建设工程工地"无废"路径有哪些?

为打造交通建设工程"无废"工地,一方面可大力发展装配式建筑建造技术,推进建造方式绿色转型(图3-50);另一方面可积极推动施工各阶段进行废物源头减量。

图3-50 预制拼装桥梁主体结构

♻ 采用预制装配技术

东莞市多项交通建设工程重点项目均采用了预制装配技术,其中,环莞路北延线桥梁工程的墩柱、盖梁、小箱梁均为预制构件,现场预制装配率超过50%,并且该项目25#墩预制盖梁的吊装,为广东省首例分离式大悬臂预制盖梁吊装项目(图3-51)。

图3-51　环莞路北延线工程预制盖梁吊装

♻ 桩基施工过程中采用泥浆分离技术进行废物减量

交通工程桩基施工过程中的旋挖钻施工会产生废弃泥浆，废弃泥浆通过泥浆分离器过滤后含砂量会减少，可以循环利用于旋挖桩基的制浆工艺，同时可加快清孔速度。使用泥浆分离器配合桩基施工有利于提高废弃泥浆的重复利用率，减少泥浆排放量（图3-52）。

图3-52　泥浆分离器处理渣土

沥青路面养护过程中通过就地热再生沥青技术进行废物减量

沥青路面养护工程废弃量较大，且废料弃运容易造成污染。针对沥青路面表层会产生裂缝等问题，可使用就地热再生机组对旧沥青路面进行加热、铣刨翻松，再按需均匀添加再生剂和新沥青混合料，经充分拌合后摊铺，最终压实成型，这样能有效减少废弃沥青混合料的产生（图3-53）。同时，就地热再生技术使天然石料资源得到充分的循环利用，减少了上游石料开采对环境造成的破坏，有效地节约了资源。

图3-53 莞深高速就地热再生沥青施工

路基工程施工过程中通过就地固化技术进行废物减量

道路路基工程施工的通常做法是挖除淤泥并换填土石混合透水性材料，即"清淤换填"。就地固化技术是一种利用固化剂对淤泥等软弱土体就地进行改良固化，使土体达到一定强度，以满足地基强度、稳定性等工程要求的施工技术。东莞市中洪路施工工程便通过采取就地固化技术有效避免了土体废弃、置换，减少了土方外运及回填土体的需求，达到了节约资源、土体循环利用、保护环境的目的，实现了源头减废（图3-54）。

图3-54 中洪路就地固化施工

♻ 加强弃土资源化研究，推动资源再生利用

为打造"无弃土工程"，东莞市莞番高速公路二期工程在新围互通开展工程弃土资源化利用试点项目。该资源化利用试点项目主要采用多级分离、固化改良等弃土处置工艺，投入破碎筛分、洗砂、制砖生产线各一条，研发和生产免烧标砖、人行道砖、路缘石、改良土等再生建材，部分再生建材产品在东莞市交通工程项目中顺利应用（图3-55）。

（a）弃土资源化利用试点项目　　（b）免烧砖应用于路网工程

图3-55 弃土资源化利用试点项目及再生建材产品应用

无废城市共筑绿梦：老莞味 新故事

东莞故事

东莞市交通建设工程的发展变化

要发展经济，基础设施必须先行。高埗大桥（旧址）是改革开放以来中国第一座农民集资修建的大桥，开创了集资修桥收费的先例，承载着厚重的历史意义与时代价值，是东莞乃至广东改革开放的一个生动缩影和历史见证（图3-56）。

如今，东莞交投集团在沙田、桥头、常平、横沥等镇布设了4个现代化、专业化、标准化的预制构件厂，并于2022年12月、2023年8月分别顺利完成了环常东路一标、莞番高速三期（4个施工标段）的预制梁板共约6000片的生产任务，具备了较丰富的预制装配构件生产管理经验，为东莞全市大力发展构件预制装配任务提供了坚固保障（图3-57）。

（a）农民集资建高埗大桥现场

（b）高埗大桥旧照

（c）20世纪90年代高埗镇龙舟比赛（何煜球 摄影）

（d）旧高埗大桥（前）和新高埗大桥（后）

图3-56 高埗大桥

图3-57 预制构件厂

第四章

"无废"农业

我国农业构成主要包括种植业、林业、畜牧业、渔业、副业等，区域分布呈现出显著的地域特色，各地根据自身的自然条件和社会经济条件，发展出各具特色的农业生产体系。随着人们生活水平的提高和消费结构的升级，对高品质、高附加值农产品的需求不断增加，为农业转型升级和提质增效提供了强大动力。

在《"无废"农业》这一章，我们将主要从以下几个方面了解农业领域的"无废"知识。

- "无废"农业领域的固体废物画像
- 健全农业绿色发展体系，推广源头减量化生产模式
- 政府引导先行，构建农业废弃物规模化收处体系
- 拓宽农业废弃物资源化产品利用渠道
- 推动实现农业废弃物无害化末端处置

通过推广有机农业、绿色农业等生态友好型生产方式，农田生态系统的平衡和生物多样性得到有效保护，这种生态环保优势不仅有助于提升农产品的品质和安全性，还有助于促进农业与环境的可持续发展。

一 "无废"农业领域的固体废物画像

1 什么是农业废弃物？

农业废弃物，是指种植业、养殖业生产活动所产生的废弃物的总称，包括农药包装废弃物、农膜包装废弃物、畜禽粪污、病死畜禽、农作物秸秆等（图4-1）。接下来给大家介绍几种主要的农业废弃物。

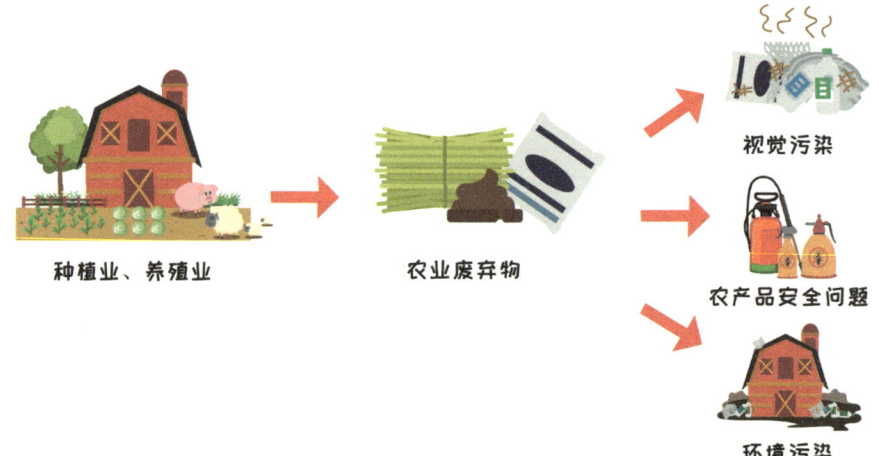

图4-1 农业废弃物的产生及危害

♻ 农药包装及农膜包装废弃物

农药包装废弃物是指农药使用后被废弃的与农药直接接触或含有农药残余物的包装物，包括瓶、罐、桶、袋等。农膜包装废弃物包含废旧农膜（棚膜与地膜）、肥料袋、水果套袋等农业生产包装废弃物（图4-2）。农药包装及农膜包装废弃物以塑料材质为主，这类材料在自然环境中难以降解，散落于田间、道路、水体等环境中，会造成严重的"视觉污染"；简单焚烧又会产生二噁英等有毒气体；掩埋在土壤中则会形成阻隔层，影响植物根系的生长扩展，阻碍植株对土壤养分和水分的吸收，导致田间作物减产。

图4-2　农药包装及农膜包装废弃物

♻ 畜禽粪污及病死畜禽

养殖业在满足人们生活需求的同时也带来了大量的粪便和死亡畜禽的尸体，国家高度重视病死畜禽和病害畜禽产品无害化处理工作，这不仅是阻断重大动物疫病传播流行的有效手段，还是维护畜禽产品质量安全和生态环境安全的重要举措。畜禽粪污不仅会产生恶臭（图4-3），其本身还含有大量的重金属、病原体等有害物质，如果这些物质被排放到土壤中，会导致土壤退化，降低土壤的水分保持能力和养分供给能力，进而影响农作物的正常生长和产量。同时，畜禽粪污中含有大量的氮、磷等养分物质，未经适当处理直接排放到水体中会引起水体富营养化，导致水体中水生植物过度繁殖而阻塞水流，削弱水生态系统的稳定性。

图4-3 畜禽粪污恶臭污染

♻ 农作物秸秆

秸秆是成熟农作物茎叶部分的总称，通常指小麦、水稻、玉米、薯类、油菜、棉花等农作物在收获籽实后的剩余部分。露天焚烧秸秆是违法行为，焚烧秸秆所形成的滚滚烟雾和留下的片片焦土对一个地方的环境形象有极大的负面影响，且会污染空气环境、危害人体健康。有数据表明，焚烧秸秆时，大气中二氧化硫、二氧化氮、可吸入颗粒物三项污染指数都会升高，当可吸入颗粒物浓度达到一定程度时，对人的眼睛、鼻子和咽喉等含有黏膜的部分刺激较大，轻则造成咳嗽、胸闷、流泪，严重时可能导致支气管炎（图4-4）。

第四章 "无废"农业

图4-4 焚烧秸秆污染空气

二 健全农业绿色发展体系，推广源头减量化生产模式

1 什么是都市农业？

"无废城市"建设在农业领域的核心目的是促进农业农村绿色低碳发展，提升主要农业废弃物的综合利用水平。都市农业是大都市中、都市郊区和大都市经济圈以内，以适应现代化都市生存与发展需要而形成的现代农业，符合农业农村绿色低碳发展目标。东莞市东城街道周屋社区近700亩的连片水稻种植标准化示范基地如图4-5所示。

图4-5 东莞市都市农业典型（来自南方⁺）

125

都市农业的类型

都市农业是指在都市化地区，利用田园景观、自然生态及环境资源，结合农林牧渔生产、农业经营活动、农村文化及农家生活，为人们休闲旅游、体验农业、了解农村提供场所，集农业的生产、生活、生态等"三生"功能于一体的产业。我国都市农业的类型主要包括：农业公园、观光农园、市民农园、休闲农场、教育农园、高科技农业园区、森林公园、民俗观光园、民宿农庄等。

东莞发展都市农业的理念与实践

近年来，随着城市化进程的加快和农业结构的调整，东莞市逐步明确了发展高质量、高效益、高附加值的都市农业方向，致力于将农业发展与城市现代化建设相结合，打造集生产、生活、生态功能于一体的都市农业体系。东莞市以发展现代化大农业为主攻方向，持续打好产业、市场、科技、文化"四张牌"，种好莞香、荔枝、香蕉"三棵树"，养好笋壳鱼、观赏鱼"两条鱼"，炒香炒热预制菜"一桌菜"（图4-6）。

图4-6 东莞市都市农业体系

以荔枝产业为例，东莞市不断延伸深加工产业链，擦亮"莞荔"品牌：向上游延伸，与果农建立紧密的合作关系，确保莞荔原料的品质和供应稳定；向下游拓展，开发更多莞荔深加工产品，形成多元化的产品线，提升产品综合利用价值。通过发展荔枝采摘等休闲农业和乡村旅游等形式，挖掘乡村的生活、生态功能，将农业农村的生态价值转换为经济价值（图4-7）。

图4-7　"莞荔"品牌产业链

东莞市农业农村发展

在东莞，597个岭南乡村与"双万"城市深度融合、共生共荣。在这片高度城镇化的土地上，农业和农村始于农、精于农，而又不止于农。除了生产功能，农村更展现了生态保护、文化传承、休闲旅游等多元魅力（图4-8）。乡村与城市功能互补、空间共享、双向赋能，繁华都市与美丽乡愁瞬间切换，为千万人口带来精神和物质的双重归属感。事实上，东莞的农业文明一直鲜活而深厚，只是在工业化的背景下稍显黯淡。

2023年，东莞诞生了首个百亿元村——凤岗镇雁田村，全市28个镇全部进入全国千强镇，"百千万工程"实现良好开局。2023年东莞市农村居民人均可支配收入为46 865元，增长3.8%，绝对值持续位居广东省第一；粮食播种面积、产量双双实现"六连增"，增幅在广东省也排名第一。东莞市还被授予"中国食品博览之都""中国预制菜人才培训基地"，96%的村（社区）达到美丽宜居村标准。

（a）东莞秋收冬种
（曾棋年　摄影）

（b）麻涌镇漳澎香蕉丰收
（刘宠杨　摄影）

（c）东莞现代农业农村典型风貌
（来自东莞阳光网）

图4-8　东莞农业农村老照片与新照片

❷ 如何减少化肥、农药使用量？

要提高土壤有机质含量、减少化肥使用量，可通过应用"绿肥+"模式、推广测土配方施肥技术来实现（图4-9）；要减少农药使用量，可采用无人机统防统治水稻病虫等手段。

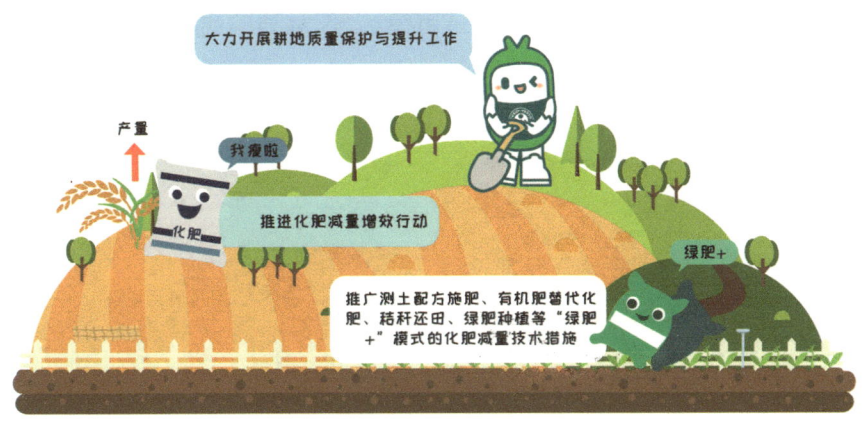

图4-9 减少化肥使用量的措施

♻ 应用"绿肥+"模式

据统计，2023年东莞市推广应用秸秆还田、增施有机肥、深松（深耕）整地、种植绿肥等"绿肥+"模式的耕地土壤培肥改良措施土地面积约5.45万亩。经过3年试验示范，望牛墩石排村水稻田每千克土壤有机质含量从19.8克增加到21.96克，增幅为11%；万江小享水稻田每千克土壤有机质含量从15.6克增加到23.14克，增幅达48%；其他采取改良措施的耕地土壤全氮、碱解氮、有效磷和速效钾等养分都有不同程度的提高，预计减少下茬水稻20%~30%的化肥用量。

苕子和紫云英等豆科植物可以与土壤的根瘤菌共生形成根瘤，将空气中的氮转换成可以被植物利用吸收的氮肥，这些根瘤就相当于植物的肥料厂，源源不断地给植物制造养分（图4-10）。因此，可在晚造水稻收割后的15~20天把绿肥种子播下去，到春耕前把绿肥翻压还田。绿肥还田后被固定的空气氮可以释放到土壤里面提高农田的肥力，从而减少化肥的用量。此外，绿肥还田后还能提升土壤有机质含量、改良土壤结构。2023年东莞市落实冬种绿肥示范点8个，示范面积达440亩，以种植一亩紫云英为例，翻压还田后可减少该地块水稻20%的化肥用量。

（a）苕子

（b）紫云英

图4-10 冬种绿肥的主要品种

推广测土配方施肥技术

测土配方施肥技术指有针对性地补充作物所需的营养元素，根据作物需肥规律、土壤供肥性能和肥料效应，在合理施用有机肥料的基础上，确定氮、磷、钾等肥料的施用数量、施肥时期和施用方法（图4-11）。东莞市结合运用"施肥博士"小程序，"对症下药"实施精准施肥，降低农业生产成本并提高水稻产量，实现了化肥源头减量。2023年东莞市20个种植地块完成个性化测土采样工作，覆盖面积1640亩，并根据检测结果提出了施肥建议。

图4-11 测土配方施肥技术

采用无人机统防统治水稻病虫

与传统的喷药方式相比，无人机植保具有精准高效、穿透力强、对农药的利用率高、安全环保等优势。每架植保无人机的工作效率相当于60个劳动力，可节省农药30%、节约用水90%，同时还可以避免人工喷药过程中产生的过敏、中毒等情况。另外，喷雾药液的飘移量较少，能有效减少药剂残留引起的环境污染问题。为实现"虫口夺粮"保丰收，东莞市实施无人机统防统治水稻病虫补贴补助项目，2023年全年奖补飞防面积共3万亩次，共计覆盖全市20个镇街（园区）60个示范点（图4-12）。

（a）植保无人机统防统治早造水稻病虫　　（b）植保无人机统防统治玉米病虫

图4-12　东莞市用植保无人机统防统治

三　政府引导先行，构建农业废弃物规模化收处体系

 **1 如何回收农业废弃物？**

农药包装废弃物、废旧农膜等属于农业废弃物中的低值可回收物，需要政府发挥关键的引导作用，推动使用者、销售者、收运处置方共同建立回收体系（图4-13）。

图4-13　回收农药给予奖励

♻ 采取"谁使用谁交回、谁销售谁收集"的回收体系

2022年开始,东莞坚持采取试点先行、示范带动、全面铺开的方式,构建农药包装废弃物"农药使用者、农药经营者"二级回收体系,在全市各农药经营门店(企业)、部分生产基地等设立245个回收站点(图4-14),并统一委托第三方企业负责对各镇街(园区)回收点回收的农药包装废弃物进行收集、转运、归集和处理。2023年全市共回收农药包装废弃物约15.43吨,100%得到无害化处置,全年农药包装废弃物回收率为76.7%。

图4-14 东莞市农药包装废弃物回收站点

♻ 设立农药包装废弃物回收奖励金

针对农药包装废弃物回收过程中出现的回收积极性不高、回收效果达不到预期等问题,政府通过设立回收奖励金,充分激励农药使用者积极回收农药包装废弃物。2023年东莞提高全市农药包装废弃物回收奖励金标准至5元/千克(原为2元/千克),进一步提高农药使用者回收的积极性。

♻ 设立废旧农膜回收试点

参照农药包装废弃物回收模式,东莞探索设立废旧农膜回收试点,在高埗镇、麻涌镇、石碣镇3镇共设立回收试点7个,2023年共回收处理废旧农膜9.91吨。田间农膜如图4-15所示。

图4-15 田间农膜

四、农业废弃物资源化产品利用

 **1 畜禽养殖粪污如何资源化?**

畜禽养殖粪污资源化技术包括厌氧处理技术、好氧堆肥技术、基质化栽培技术、发酵垫料技术、动物蛋白转化技术等多种,具体的资源化技术要根据区域气候、养殖种类、养殖规模、资源化产品就近利用经济合理性等多项因素来进行选择(图4-16)。接下来选取3种技术进行介绍,并阐述东莞的实践方式。

图4-16　畜禽粪污资源化

♻ 厌氧处理技术

在厌氧消化过程中，微生物群落发生复杂的变化，包括水解、发酵、产甲烷等阶段，其中，水解是厌氧处理的关键阶段，它使有机物分子量降低，更易于被微生物分解。发酵是将分解后的有机物转化为甲烷和二氧化碳的过程，最后通过收集产生的沼气和沼渣等，可实现资源的再利用。沼气可以替代传统能源用于发电、供暖等，实现能源的再利用的同时降低能源消耗和减少温室气体排放；产生的沼渣可以作为有机肥料，提供养分给农作物，农作物种植产生的废弃物又可作为青饲料提供给养殖场（图4-17）。该技术适宜粪污产生量稳定充足、清洁能源需求大、有害气体排放控制要求高的地区。

♻ 基质化栽培技术

基质化栽培技术是利用畜禽粪便为原料，辅以菌渣及农作物秸秆进行堆肥发酵，生产菌菇种植基质、果蔬栽培基质、水稻育秧基质的手段，具有较好的经济效益。畜禽粪便和粉碎秸秆按一定比例混拌，经过10余天的高温发酵和15天左右的二次发酵后，碳氮比

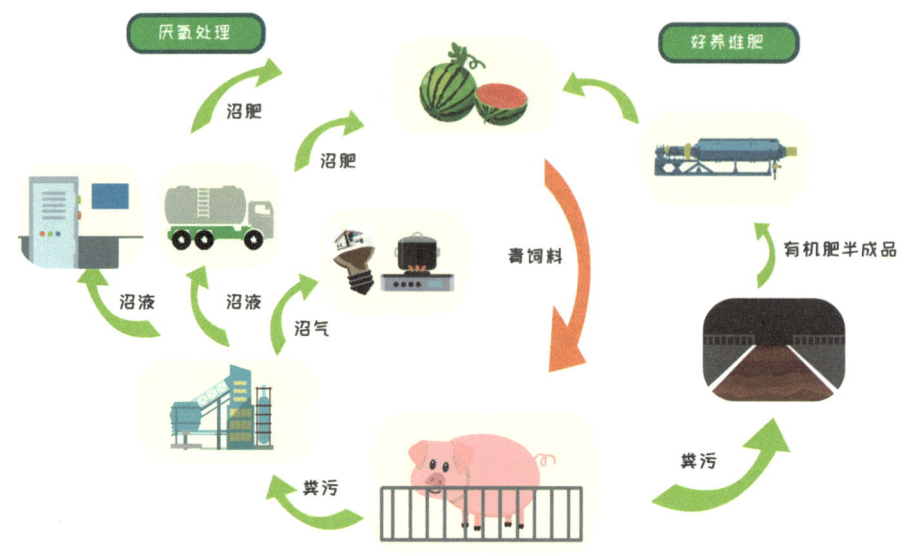

图4-17 种养一体化畜禽养殖粪污利用

通常为20∶1至35∶1，含水量为60%左右，最后可转化为腐熟栽培基质。

发酵垫料技术

发酵垫料技术是指将锯末、稻壳和秸秆等垫料经发酵后铺设到圈舍内的养殖层面或者养殖层面以下（漏粪板、漏粪网格）的一种养殖模式（图4-18）。养殖过程中，动物每天产生的粪便和尿液落入预先铺设好的发酵垫料上，再通过内源微生物或外源功能微生物作用对其进行中低温好氧发酵，即可实现畜禽粪污无害化处理和稳定化利用。发酵垫料使用一个周期后，根据氮磷钾养分富集情况和垫料腐解状况，确定是否需要更换，更换的垫料可用于有机肥生产或作为农家肥直接还田使用。

图4-18 发酵垫料技术

♻ 东莞以"就地就近肥料化利用"为重点的实践

东莞市鼓励采用低成本、低排放、易操作的粪污处理工艺，以畜禽粪污就地就近肥料化利用为重点，按照畜禽粪肥还田要求和标准，合理利用畜禽粪污，有效控制污染源。东莞市金皇畜牧有限公司经营的生猪规模养殖场，年出栏生猪约1.6万头，其养殖场配置了一套智能高温发酵粪污有机肥设备，粪污经过发酵后，可作为高效有机肥原料出售或自用种植。

知识链接

基质栽培

基质栽培是用固体基质（介质）固定植物根系，并通过基质吸收营养液和氧的一种无土栽培方式（图4-19）。常规基质种类很多，常用的无机基质有蛭石、珍珠岩、岩棉、沙、聚氨酯等，有机基质有泥炭、稻壳炭、树皮等。也可以用农业废弃物（如砻糠、木屑、蘑菇泥、鸡粪、猪粪、稻草等）作为主要基质原材料，通过沤制、发酵、添加有机无机肥后混配而成基质。基质栽培采用滴灌法供给营养液，其优点是设备较简单、生产成本较低。

图4-19 基质栽培

② 农业生物质废弃物如何实现综合利用？

农业生物质废弃物包括秸秆、农地树枝等。通过肥料化、饲料化、燃料化、基料化、原料化"五料化"技术手段，秸秆可实现"还田"或者"离田"利用（图4-20），这是各地长期以来总结形成的秸秆综合利用典型技术，能够充分开发秸秆潜在价值，对促进农业绿色发展具有重要意义。农地树枝也是一类典型的生物质废弃物，可以资源化利用，不要浪费哦！

图4-20 秸秆综合利用的多种方式

秸秆"还田"利用

秸秆"还田"利用通常采取肥料化利用方式，促进后茬作物稳产质优，但技术选择时要讲究科学合理，充分考虑整地、播种、田间管理、病虫害防控、农民实施意愿等因素，主要技术工作包括翻埋、碎混、堆沤腐熟等，另外还要分析机械化生产适用性（图4-21）。秸秆还田不仅能减少固体废物污染，同时还有增肥增产作用，能增加土壤中的有机物质，改良土壤结构，使土壤疏松、孔隙度增加、容量减轻，促进微生物活力和作物根系的发育。

图4-21 秸秆"还田"利用

秸秆"离田"利用

秸秆"离田"利用包括饲料化、燃料化、基料化、原料化等多种方式（图4-22）。秸秆变饲料主要通过粉碎、打包和微生物发酵等技术手段实现，是一种将废弃的秸秆转化为反刍动物饲料的过程，适用于牛羊养殖产业。秸秆燃料化生产清洁低碳能源的方式多样，可以将秸秆打捆直燃，也可以将秸秆挤压成颗粒状、块状和棒状等成型燃料，或者以秸秆为主要发酵原料进行厌氧发酵以生产沼气。秸秆还能够变身成为食用菌基质、栽培基质、人造板材、复合材料等产品，从而达到基料化或原料化的目的。

第四章 "无废"农业

图4-22 秸秆"离田"利用

♻ 农地树枝等生物质废弃物肥料化利用

东莞市下达资金资助建设8个市级农地树枝等生物质废弃物综合利用试点，扶持企业购买破碎机、田间运输车，搭建简易农机存放及堆肥大棚等。通过对农地树枝等生物质废弃物开展分拣、粉碎、发酵、陈化等工作，可使之转变为生物有机肥料再度投入农业生产（图4-23）。

图4-23 农地树枝肥料化利用流程

141

无废城市共筑绿梦： 老莞味　新故事

东莞故事

农业生物质废弃物综合利用试点

东莞市推广应用秸秆直接还田的利用方式，同时也推广秸秆异地覆盖蔬菜、马铃薯、玉米、冬瓜和果树等农作物的还田方式，结合不同的秸秆资源类型，因地制宜开展肥料化、饲料化、燃料化、基料化和原料化利用。

为持续推进"无废城市"建设，提高市民对农业废弃物处理的认识，东莞市南城将一方田农业园列入街道农业生物质废弃物综合利用工作试点，引进农业生物质废弃物处理设备，充分利用园内大量的生物质废弃物，自行生产生物有机肥，探索构建生物质废弃物综合利用的有效治理模式。农业园主要种植稻谷、玉米、番薯、土豆等作物，总规模超140亩，作物生长需要大量营养成分的供给。过去，农业园采取外购方式解决这项需求，这让农业园增加了不少经营成本。如今，把作物收成后剩余的稻杆、秸秆收集起来，改作"生物肥"，此举不仅更环保，同时也有效降低了生产成本。经过对生物质废弃物的初处理、堆肥发酵、陈化处理和再加工等环节，稻杆、秸秆"变废为宝"。目前，农业园的"生物肥"基本已能实现自给自足，原有的农业生物质废弃物处理问题也迎刃而解（图4-24）。

图4-24　秸秆生产"生物肥"还田利用

农业废弃物无害化末端处置

 **1 管理动物防疫及动物诊疗固体废弃物的做法及意义?**

"人病兽防、关口前移",加强动物防疫及动物诊疗固体废弃物管理是为了保障公共卫生安全和生物安全,这些废弃物需要被分类收集、集中处置,如果收集处置不当,将会导致动物疫病的传播并对土壤、水体等环境造成污染(图4-25)。

图4-25 动物防疫

♻ 动物防疫及动物诊疗固体废弃物种类

动物防疫及动物诊疗固体废弃物是指在开展动物疫病相关的防疫、检疫、检验、检测、医疗、实验等活动中产生的可能引发公共卫生安全和生物安全风险的废弃物、动物尸体等固体废弃物，包括针头、一次性输液器、过期淘汰药品、动物尸体及组织等。

♻ 实行分类收集

各动物诊疗机构、养殖场户、屠宰企业、兽医实验室、畜禽集中交易场所等产生动物防疫及动物诊疗废弃物的单位，需要配置满足收集要求的设施设备，专门用于集中、暂存动物防疫及动物诊疗活动中产生的固体废弃物，不得将其混入生活垃圾（图4-26）。应将废弃物置于防渗漏、防锐器穿透的专用包装物或者密闭的容器或空间内，并做好消毒和清洁，同时指定专人对废弃物的收集、暂存进行管理，做好登记、统计、交接等工作。

图4-26 动物防疫及动物诊疗固体废弃物分类收集

♻ 集中处置

动物防疫及动物诊疗固体废弃物必须交由专业集中处置企业进行处理，专业集中处置企业使用专用车辆运输废弃物，且运输车辆需要满足相关技术规范要求，应做好封闭和防撒落、防渗漏工作，运输车辆在卸载后还要做好清洗消毒工作。经过物理、化学或生物学方法处理后,这些固体废弃物失去传染性、毒性而不会对环境产生危害,保障了人畜健康安全(图4-27)。

图4-27　动物防疫及动物诊疗固体废弃物无害化处理

第五章

危险废物风险防范

危险废物的来源一般包括工业源、社会源和生活源等，危险废物对生态环境和人体健康具有一种或者几种危险特性，包括毒性、腐蚀性、易燃性、反应性或者感染性等。医疗卫生机构在医疗、预防、保健以及其他相关活动中产生的具有直接或者间接感染性、毒性以及其他危害性的医疗废物也属于危险废物。

在《危险废物风险防范》这一章，我们将主要从以下几个方面了解危险废物领域的"无废"知识。

- 危险废物画像
- 利用危险废物资源属性实现循环经济发展
- 危险废物安全处置技术

通过采取一系列有效的风险防范和安全处置措施，危险废物可以被有效地管理和控制，从而显著降低其对环境和人类健康的潜在风险。因此，危险废物管理中的相关方应各负其责、共同协作，以确保危险废物得到安全、有效、合法的处理和管理，让危险废物变得"不危险"。

一 危险废物画像

1 什么是危险废物？

危险废物是指列入《国家危险废物名录》或者根据国家规定的危险废物鉴别标准和鉴别方法认定的具有危险特性的固体废物，如废酸、废碱、医疗废物等。危险废物标志如图5-1所示。

危险废物

图5-1 危险废物标志

♻ 危险废物特性

危险废物具有腐蚀性、毒性、易燃性、反应性、感染性等危险特性（图5-2）。腐蚀性是指易于腐蚀或溶解金属等物质，且具有酸性或碱性的性质。危险废物的毒性分为急性毒性和浸出毒性，急性毒性是指机体（人或实验动物）一次（或24小时内多次）接触外来化合物之后所引起的中毒甚至死亡的效应；浸出毒性是指固态的危险废物遇水浸沥，其中有害的物质迁移转化污染环境的特性。易燃性是指易于着火和维持燃烧的性质。反应性是指易于发生爆炸或剧烈反应，或反应时会挥发有毒气体或烟雾的性质。感染性是指细菌、病毒、真菌、寄生虫等病原体，侵入人体并使人体局部组织或全身引起不良反应的性质。

图5-2 危险废物特性

危险废物来源

危险废物的来源一般包括工业源、社会源和生活源等（图5-3）。工业源危险废物包括金属表面处理、农药、化工、染料等企业产生的废酸、废碱、污泥、废催化剂、釜底废渣等。社会源危险废物包括学校实验室、医疗机构实验室、机动车维修经营企业等单位产生的实验室废物、废机油、废铅蓄电池等。生活源危险废物（即有害垃圾）包括废药品、废油漆和溶剂、废杀虫剂、废含汞温度计等，《固废法》第五十条第二款规定"从生活垃圾中分类并集中收集的有害垃圾，属于危险废物的，应当按照危险废物管理"。

图5-3 危险废物来源

医疗废物

医疗机构产生的固体废物包括医疗废物、医疗机构生活垃圾、未被污染的输液瓶袋、医疗废水处理污泥等。其中，医疗废物属于危险废物，主要指具有感染性、损伤性、病理性、化学性和药物性的废物，属于危险废物中的HW01大类，但医疗机构产生的其他种类固体废物并不是危险废物。医疗机构生活垃圾的监管要求与生活垃圾一致，未被污染的输液瓶袋由商务部门指定的回收企业进行综合利用，医疗废水处理污泥需消毒处理。《国家危险废物名录》中列出了医疗废物有关种类，且规定"医疗废物分类按照《医疗废物分类目录》执行"。

❷ 谁应当承担危险废物管理过程中的主体责任？

根据相关法律法规，危险废物产生单位是落实危险废物环境管理要求、承担相应法律责任的主体。让我们来看一下危险废物产生单位应该如何开展危险废物规范化管理吧（图5-4）！

图5-4　危险废物产生单位规范化管理

♻ 符合有关规定的规范化管理要求

《固废法》要求产生危险废物的单位应当按照国家有关规定制定危险废物管理计划，建立危险废物管理台账，如实记录有关信息，并通过国家危险废物信息管理系统向所在地生态环境主管部门申报危险废物的种类、产生量、流向、贮存、处置等有关资料。产生危险废物的单位应做好危险废物的分类贮存、制定污染环境防治责任制度、制定应急预案并开展人员培训和演练，除此以外，还应联系有资质的危险废物经营单位，将危险废物依法妥善转移、利用处置。

♻ 应进行危险废物贮存设施或场所管理

产生危险废物的单位应建造危险废物专用的贮存设施或设置贮存场所，并根据需要选择贮存设施或场所的类型和规模，具体贮存类型包括贮存库、贮存场、贮存池和贮存罐区等。贮存设施或场所应采取必要的防风、防晒、防雨、防漏、防渗、防腐以及其他环境污染防治措施，并设置必要的贮存分区，避免不相容的危险废物接触、混合（图5-5）。

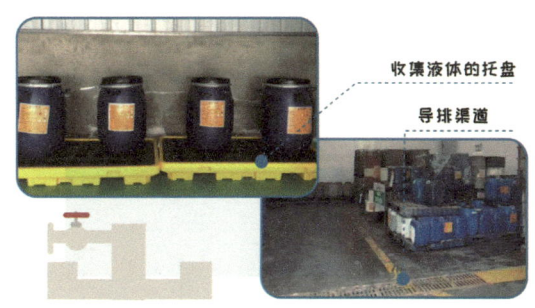

图5-5 危险废物贮存设施与场所

制定污染环境防治责任制度

危险废物产生单位应制定污染环境防治责任制度，责任人应明确，责任应清晰；要确保制度得到落实，积极采取防治固体废物污染环境的措施；在显著位置张贴危险废物防治责任信息，且信息应能够表明危险废物的产生环节、危险特性、去向及责任人（图5-6）。

图5-6　制定污染环境防治责任制度

制定应急预案并开展人员培训和演练

危险废物产生单位应制定应急预案，并在当地生态环境部门备案，按照应急预案要求每年组织应急演练；应当对本单位管理人员和从事危险废物收集、运输、贮存、利用和处置等工作的人员进行培训（图5-7）。

图5-7 开展人员培训

二、利用危险废物资源属性实现循环经济发展

 **1 危险废物如何变成资源?**

如果技术条件和应用场景允许,产生危险废物的企业可以就地利用危险废物,实现资源原位循环使用;如果企业无法自行利用所产生的危险废物,则可将危险废物外运至有资质的危险废物经营单位,由其进行循环利用(图5-8)。

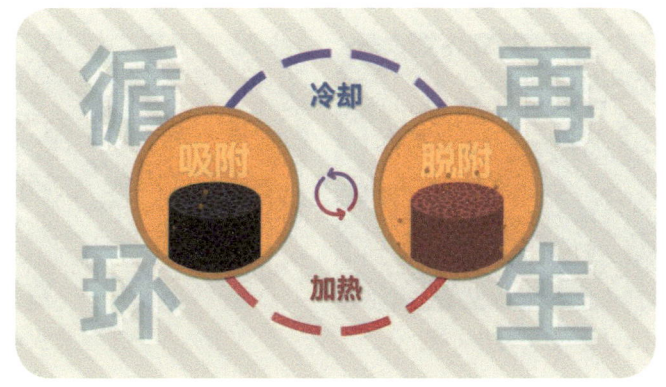

图5-8 危险废物资源化(以废活性炭再生为例)

液态危险废物原位循环使用

液态危险废物包括废酸、废碱、废有机溶剂、含重金属废液、废切削液等，种类非常多，这些液态危险废物中可能含有有价值的材料，如果能够在工厂车间实现原位循环使用，不仅可以节省材料购买费用，还可以减少将危险废物转移出去处置的诸多环节。通过物理分离、化学沉淀、电化学等多种方法去除其中的杂质，再经过技术人员精心调配，液态危险废物可以回到生产线继续使用。不过，不是所有液态危险废物都能再回用，不能进行原位循环使用的液态危险废物可以交由有资质的危险废物利用处置单位进行处理。

区域性废活性炭集中再生

活性炭在吸附污染物的过程中，内部的孔隙逐渐被堵塞，比表面积下降、活性降低，吸附能力也逐渐满足不了使用需要，最后会成为废活性炭，而工业废活性炭通常属于危险废物。通过成熟的回转炉热再生技术可以将废活性炭的吸附指标恢复至95%以上。面对区域性的废活性炭收集处理问题，可以实行"分散吸附、集中再生，集约建设、共享治污"模式，即建设集中再生废活性炭企业（图5-9），回收周边小微企业产生的废活性炭并统一进行再生，再生活性炭又回到小微企业使用，形成区域性的循环链条。

（a）活性炭再生车间　　　　（b）再生活性炭成品

图5-9　再生废活性炭企业

知识链接

活性炭生产及再生

制造活性炭的原料包括煤炭、木材、竹子、椰壳等（图5-10），正常制造1吨活性炭需要3~5吨煤炭、5~8吨木材、10~12吨竹子。活性炭的

图5-10　活性炭原料

比表面积包括内表面积和外表面积，一般情况下活性炭的比表面积越大代表吸附能力越强。每克活性炭的内部孔隙如果铺展开来可达到500~1700平方米，大约相当于2~3个篮球场的面积。活性炭内部孔隙发达，比表面积巨大，因此具有极强的吸附和净化能力，生活中通常被用于除臭、滤水、脱色、去甲醛，工业上则被广泛应用于废气和废水的处理中。

热再生法是目前活性炭再生工艺中最成熟、应用最多的方法（图5-11）。将废活性炭通过上料间投入活化炉，在600多摄氏度的高温环境下活性炭会烧得通红，被"锁"在里面的污染物会被震动脱附出来，之后再利用蒸汽把活性炭的孔隙打通，这个过程就是活性炭的再次"活化"。除了"活化"还有非常重要的一步就是"除废"，在活化炉中脱附出来的废气经过焚烧、去酸、除尘等净化工序才能达标排放，实现真正地消灭"废物"！

图5-11　热再生法主要工艺流程

♻ 废矿物油再生

废矿物油是指因受杂质污染、氧化和热的作用,改变了原有的理化性能而不能继续使用被更换下来的油,属于危险废物。废矿物油杂质多、易结焦堵塞,"预处理+二段减压蒸馏+分子蒸馏"处理工艺是实现废矿物油再生的主要技术。经预处理后可去除废矿物油中的明水、机械杂质,再经多级减压蒸馏与分子蒸馏形成毛油,最后经过精制产出润滑油基础油运出外售,产品可用于润滑油调和产业进一步生产合成机油(图5-12)。

图5-12 废矿物油再生利用

三、危险废物安全处置技术

1 有哪些危险废物安全处置技术？

总体来说，危险废物安全处置技术可分为预处理技术和处置技术，选择相关技术时需要考虑适用性，科学合理设计工艺技术路线。危险废物安全处置技术如图5-13所示。

图5-13　危险废物安全处置技术

♻ 预处理技术

危险废物预处理技术主要适用于危险废物处置行为前的预处理过程，包括物理法、化学法和固化/稳定化等。物理法包括压实、破碎、分选、增稠、吸附和萃取等；化学法包括絮凝沉降、化学氧化、化学还原和酸碱中和等；固化/稳定化包括水泥固化、石灰固化、塑料固化、自胶结固化和药剂稳定化等。

♻ 处置技术

危险废物处置技术包括焚烧处置技术、非焚烧处置技术、安全填埋处置技术等。易燃性危险废物宜优先选择焚烧处置技术，并应根据焚烧条件选择预处理方式；腐蚀性废物应先通过中和法进行预处理，然后再采用其他方式进行最终处置；反应性废物宜先采用氧化、还原等方式消除其反应性，然后进行焚烧或填埋等处置；有毒性废物可选择解毒处理，也可选择焚烧或填埋等处置技术；感染性废物（医疗废物）应选择能够杀灭感染性病菌的处置技术，如焚烧、高温蒸汽灭菌、化学消毒、微波消毒等。

> **知识链接**
>
> **危险废物填埋场功能及分类**
>
> 危险废物填埋场功能主要有以下三点：
>
> （1）贮留。构筑具有一定容量的封闭空间，将无法完全解毒处理并返回自然或社会环境中的危险废物进行有期限的贮存。
>
> （2）隔断。最大程度地阻断所贮留的危险废物与环境的所有联系。

(3)资源储备。最大程度地保持危险废物特性,以便未来回收利用。

根据防渗阻隔结构的不同,危险废物填埋场分为柔性填埋场和刚性填埋场两种,两种填埋场各有优缺点。在危险废物的管理中,应根据废物性质和要求选择合适的填埋场,并制定相应的处理方案。

 **东莞故事**

危险废物"四化四全"管理措施

东莞是制造业大市,产生危险废物的企业数量为广东省第一。据统计,2022年东莞市危险废物产生单位共3.7万家,其中产废量10吨/年及以下的小微企业为3.5万家,占比高达94%,数量众多、分布广泛(图5-14)。产废量少的小微企业众多、收运处置困难曾是影响和制约东莞市危险废物精细化管理的一个瓶颈问题。

  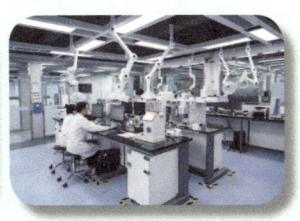

(a)工业企业　　(b)机动车维修企业　　(c)科研机构和学校实验室

图5-14　小微企业

东莞市生态环境局坚持从源头管理精细化、收集转运集中化、利用处置专业化、管理信息化出发，打通管理链条，细化危险废物全生命周期管理"颗粒度"，实现产废企业全覆盖、危险废物全收运、末端处置全消纳、生命周期全监管，有效破解小微企业危险废物管理难题，为"无废城市"建设提供可复制、可推广的经验模式（图5-15）。

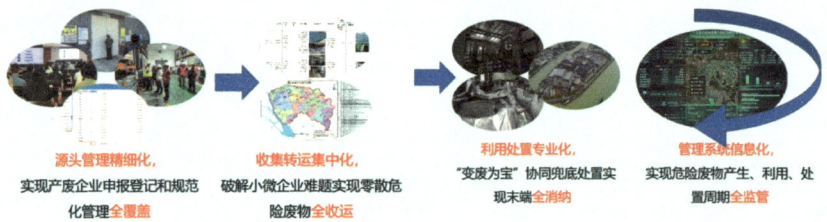

图5-15　东莞市危险废物全生命周期管理模式

第六章

城市多源固废，协同利用处置，闭环智慧监管

我国城市固废来源广、数量大、种类多，如果采用分散化、单一化的处置模式，一方面各城市固废处置单元之间很难通过物质、能量代谢的协同实现资源能源效率的最优化，另一方面也不利于各管理部门对城市固废处置全生命周期实施精细化的监管。在国家"加快构建废弃物循环利用体系""积极稳妥推进碳达峰碳中和"等重大战略部署的情况下，东莞市政企合作，市镇两级层面大力推进多源固废集约化协同处置关键技术研发、应用及基地建设。

在《城市多源固废，协同利用处置，闭环智慧监管》这一章，我们将了解以下"无废"知识。

- 市级层面多源固废协同利用处置：产业发展良性互动
- 镇级层面多源固废协同利用处置：综合性垃圾处理产业园
- 城市多源固废闭环智慧监管

城市多源固废协同利用处置模式为我国解决固废处理复杂问题、促进"无废城市"建设和达成"双碳"目标提供了新的方法和路径。借助信息化手段，畅通城市多源固体废物的利用处置渠道、全过程监管多源固体废物也变得更加快捷、高效。

一 市级层面多源固废协同利用处置：产业发展良性互动

1 如何实现集约式多源固废协同利用处置？

在"无废城市"理念与"双碳"目标的指引下，多源固废协同利用处置已成为相关行业乃至全社会的共同目标。以东莞市为例，海心沙国家级资源循环利用基地的建设，提高了工业固废、生活垃圾、危险废物等固废的处理能力，实现了物质资源内外"双循环"，保障了城市动脉产业发展（图6-1）。

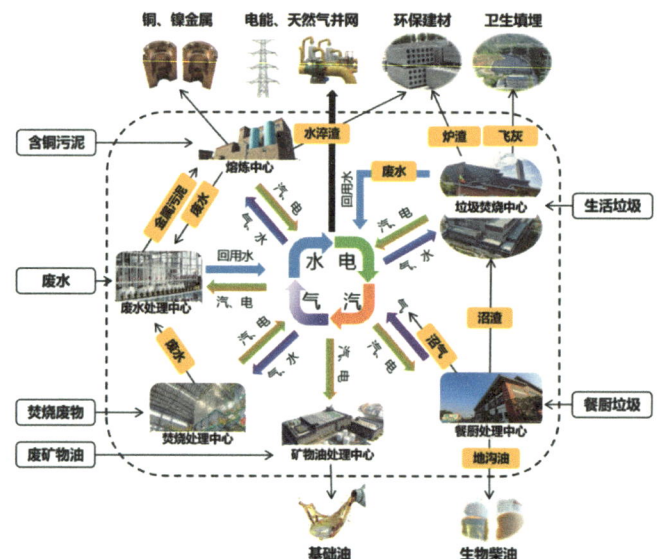

图6-1 东莞市海心沙资源循环利用示意图

♻ 提高固废处理能力

针对危险废物——东莞市通过在海心沙资源循环利用基地建设绿色工业服务项目，打破碎片化处理模式，每年可收集处理危险废物38大类424小类共33.459万吨，基本实现危险废物处理不出市。

针对生活垃圾中的其他垃圾——东莞市在海心沙资源循环利用基地先后建设麻涌环保热电厂、海心沙环保热电厂，垃圾总处理规模达3750吨/日。截至2023年，全市共建有5座环保热电厂（其中2座位于海心沙基地），垃圾总焚烧能力达14750吨/日，实现了东莞市新增生活垃圾"全焚烧、零填埋"战略目标。

针对生活垃圾中的厨余垃圾（餐厨垃圾）——麻涌餐厨垃圾处理厂将餐厨垃圾、地沟油转化为天然气、工业油脂等产品，同时积极开展厨余垃圾沼液沼渣资源化利用、黑水虻处理三相分离有机质、鸵鸟养殖处理果蔬垃圾等创新试验，不断探索餐厨垃圾多级利用新模式。

东莞市海心沙资源循环利用基地如图6-2所示。

图6-2　东莞市海心沙资源循环利用基地

♻ 项目协同处置设计

海心沙环保热电厂可协同处置一般工业固废，同时可协同处置餐厨垃圾处理厂的餐厨沼渣、水处理污泥、废活性炭、臭气，由此这些二次废水、废气、固废在基地内部可实现100%协同处理（图6-3）。

危险废物熔炼车间在处置外收危险废物的同时，协同处理基地内物化车间产生的重金属污泥、基地内废气系统产生的废活性炭，回收贵重金属的同时还可将废活性炭作为熔炼的还原剂，实现主要二次危险废物100%内部循环利用（图6-4）。

图6-3　海心沙环保热电厂　　　　图6-4　危险废物熔炼车间

♻ 构建基地内、外物质能源循环链条

基地内物质能源循环链条：连接基地内的生活垃圾焚烧设施、餐厨垃圾处理设施、危险废物处置设施、废水处理中心等各生产单元，实现基地内水、电、蒸汽、天然气四类资源最大化循环利用。基地内能源循环链条构建后，基地内循环水重复利用率达到98%以上；基地内固废处置项目100%使用自有发电；生活垃圾焚烧设施的余热蒸汽供餐厨垃圾处理设施使用；生活垃圾焚烧设施及危险废物处置设施产生的余热蒸汽，用于废水处理中心蒸发系统及污泥低温干燥系统，实现基地内不同项目间能源的梯级利用、资源循环。

基地外物质能源循环链条：生活垃圾焚烧设施产生的炉渣经无害化处理可外售制成环保砖等建材产品，餐厨垃圾处理设施可产出外售天然气和工业级混合油脂，实现资源循环使用与污染物的良好协同处理。

❷ 如何推动减污降碳自内向外延伸？

通过节能工程和绿色生产，可推动减污降碳协同增效。采用"集中+移动"供热模式，一方面自身余热可补齐周边用热规模较大企业的集中供热缺口，另一方面通过移动方式为长距离、用热规模较小企业提供优质绿色能源，可助力传统产业转型升级（图6-5）。

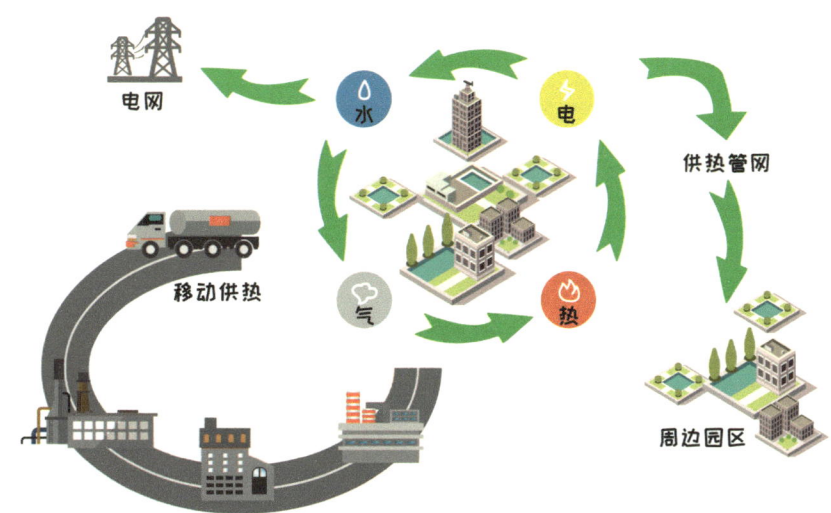

图6-5 减污降碳自内向外延伸

♻ 集中供热

海心沙基地周边用热企业多数依靠自建锅炉满足用热条件，集中供热存在一定缺口，5千米范围内有多家企业急需解决用热需求。为响应国家碳减排碳中和能源政策，海心沙基地积极推进集中供热项目，向洪梅河西工业园区、望牛墩朱平沙工业园区内的多家用热企业实施集中供热。该集中供热项目可减少东莞市水乡片区的能源消费总量和碳排放总量，同时也可以调整发电与供热比例，进一步优化海心沙基地节能减碳及能效。

♻ 移动供热

移动供热指以蒸汽/热水的形式，将热能通过管道储存至移动供热车的储能罐体内，并用牵引设备运输到用热处，满足工业用热需求（图6-6）。移动供热主要为造纸包装、纺织印染、服装鞋帽、建材制造和食品加工等蒸汽用量较小（10吨/小时以下）的用热企业提供服务，通过"垃圾焚烧发电+移动供热"的新模式，将垃圾焚烧产生的富裕余热蒸汽作为蒸汽热源，取缔天然气供热，真正实现降本增效。

图6-6 移动供热

知识链接

集中供热、移动供热

集中供热是指由集中热源所产生的蒸汽、热水，通过管网供给一个城市（镇）或部分区域生产、采暖和生活所需的热量的方式（图6-7）。集中供热热源包括热电联产的电厂、集中锅炉房、工业与其他余热、地热、核能、太阳能、热泵等，亦可是由几种热源共同组成的多热源联合供热系统。移动储能供热技术是一种新兴的供热手段，它就像一个"超大充电宝"，以装载在车辆上的相变蓄热材料和蓄热元件为载体，吸收供热企业或者工业企业废热资源为主，向其他工业、商业、建筑业热用户供热。

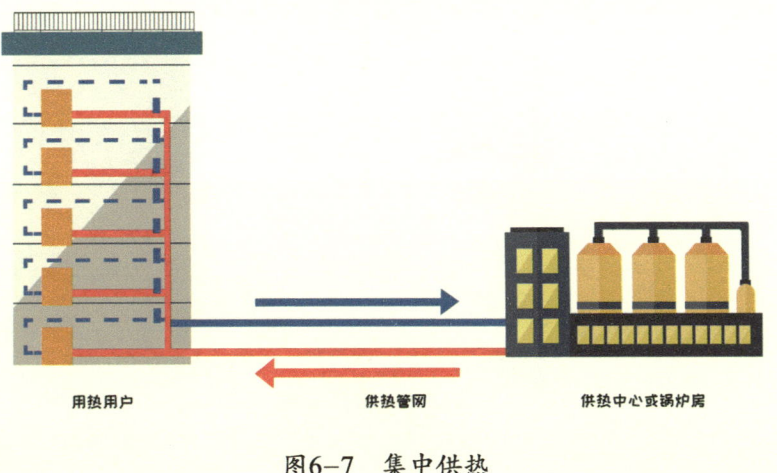

图6-7 集中供热

二、镇级层面多源固废协同利用处置：综合性垃圾处理产业园

1 如何解决多源固废就近处置难题？

建设镇街综合性垃圾处理产业园，包括工业固废处理中心、建筑垃圾处理中心、再生资源回收处理中心、厨余垃圾处理中心、园林及大件物处理中心等多源固废处理中心，实现多源固废就近处理（图6-8）。

图6-8　综合性垃圾处理产业园

基于综合性固废处理处置设施距离镇街较远等现实情况，东莞市茶山镇政府整体规划，提供用地保障，引进本土民营企业——广东华腾环境科技有限公司，建设茶山镇固废处理中心（综合性垃圾处理产业园），打造多源固体废物一站式处理镇街样板。目前产业

园涵盖的垃圾处理项目有工业固废处理中心、建筑垃圾处理中心、再生资源回收处理中心、厨余垃圾处理中心、园林及大件物处理中心，工业固废处理能力为25万吨/年，建筑垃圾处理能力为100万吨/年，厨余垃圾、大件垃圾及园林废弃物处理能力均为20吨/日。

❷ 多源固废就近利用处置如何实现"协同"？

工业固废、大件垃圾、建筑垃圾中的轻物质属性相近，可以协同制作成燃料棒，从而实现多源固废就近协同利用处置（图6-9）。

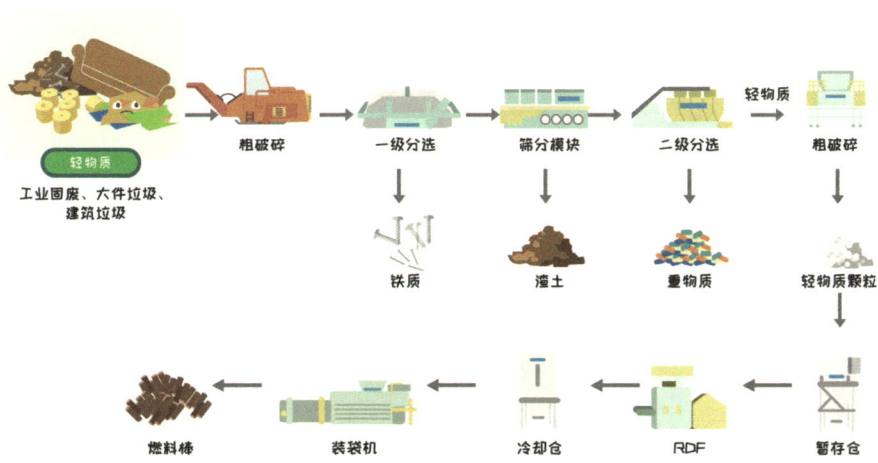

图6-9　多源固废就近协同利用处置

工业固废处理中心可协同处理工业固废（如纺织品、皮革等）、大件垃圾（如床垫、沙发）以及建筑垃圾中分离出来的塑料、纺织物、木材等轻物质，将其制作成燃料棒，供应给电厂、水泥厂、化工厂、造纸厂等单位，一方面实现废物利用、减少污染，另一方面减少碳排放，为绿色经济和可持续发展做出贡献（图6-10）。

图6-10　工业固废协同利用处置设备

三　城市多源固废闭环智慧监管

1 什么是固体废物信息化管理？

固体废物信息化管理指利用现代信息技术对固体废物的收集、贮存、运输、利用、处置等全过程进行监控和信息化追溯，分别建成覆盖工业固废、生活垃圾、建筑垃圾、农业废弃物、危险废物管理数据的信息化监管服务系统，以显著提升固废管理的效率和准确性，助力实现城市精细化治理（图6-11）。本小节着重以危险废物和工业固废为例，介绍信息化管理相关知识。

图6-11　固体废物全过程信息化管理内涵

🔄 固体废物信息化管理体系

固体废物信息化管理体系包含国家固体废物信息系统、地方固体废物信息系统、企业及第三方固体废物信息系统（图6-12），其可逐步实现国家、地方、企业及第三方固体废物信息系统的信息直报、业务协同管理，能极大地提升固废管理的透明度与效率，还可为实现资源循环利用与可持续发展奠定基础。

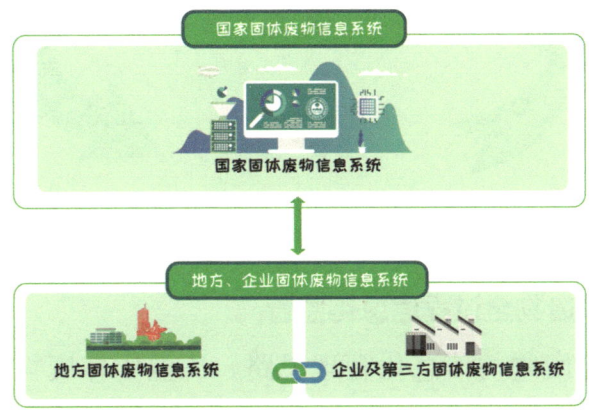

图6-12　固体废物信息化管理体系

危险废物全过程信息化监管

为了实现危险废物全过程信息化监管，人们采取了很多科技手段。从产生起，危险废物就被贴上电子标签，并且这个标签会一直跟随它，直至被安全利用处置。电子标签里存储了危险废物的很多信息，通过信息平台，人们可以实时监控危险废物的流向。除此以外，危险废物在转移的过程中，移出和接收的双方还需要交接转移联单，人们在信息平台可以清楚地掌握危险废物在什么时间转移到了谁的手上。在日常贮存、运输、利用处置过程中，人们还可以通过视频监控、车载GPS等方式实时了解危险废物有没有放在安全的地方（图6-13）。

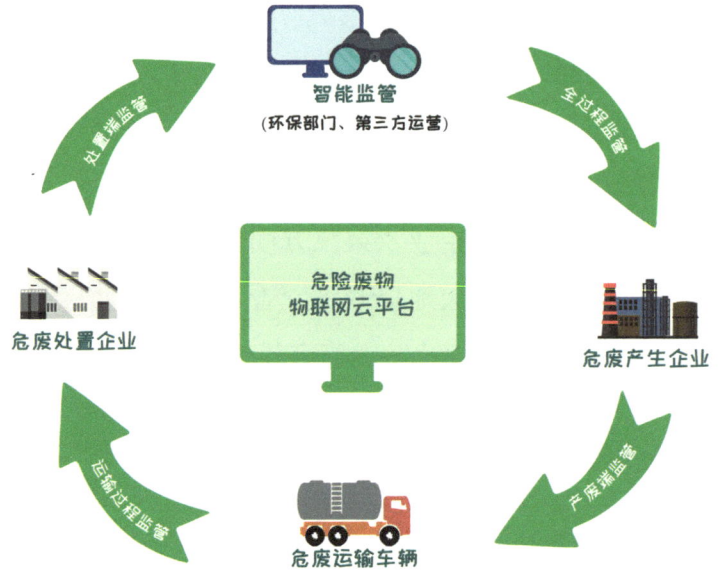

图6-13　危险废物信息化管理

工业固体废物全过程信息化监管

借鉴危险废物的信息化管理思路，工业固体废物也在逐步推进信息化监管。通过AI视频监控、智能计量仪器等信息化设备，可实现工业固体废物出入库的影像记录和重量数据实时采集,在确保台账数据及时准确的同时,助力企业解放繁琐的手工填报工作,减轻企业负担;管理部门可通过视频巡检和现场抽查,实施差异化管理,对规范管理的企业给予更多便利,对存在问题的企业及时进行指导和帮扶。同时,通过信息化管理节省了检查人员"在检查路上"的时间,大大提高了检查人员的检查效率(图6-14)。

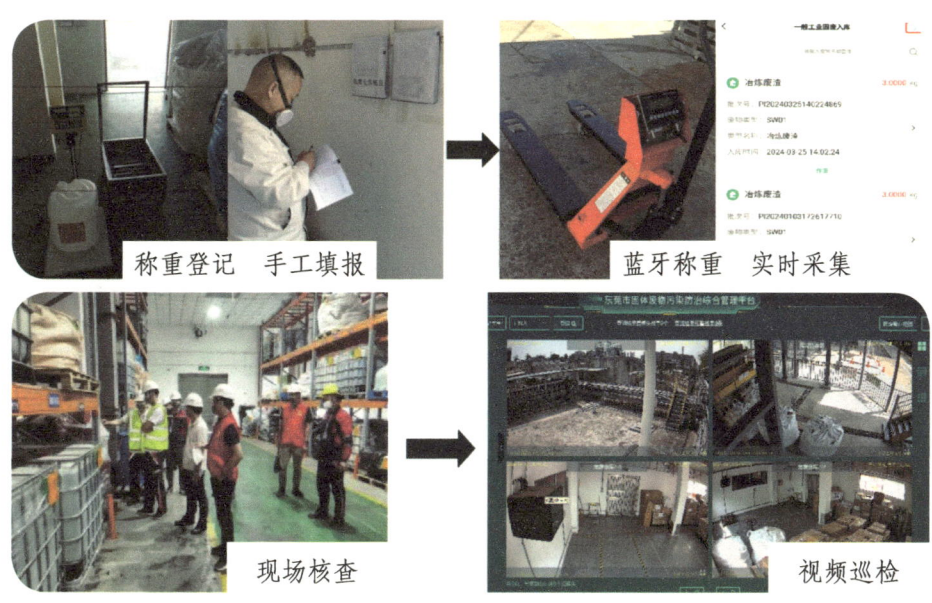

图6-14　工业固体废物信息化监管

♻ 电子联单制

在危险废物、工业固体废物、建筑垃圾等城市多源固废领域,人们通过电子联单对固废进行实时追踪,并协同其他技术手段达到了固废全过程跟踪溯源的目的。这样,一方面方便了产废单位对受托方运输、收集、利用、处置固废情况进行跟踪,另一方面也使管理部门在固废管理过程中有迹可循。

知识链接

掌控动态流向——危险废物转移联单制度及电子标签

联单是一种记录着商品货物信息的单据，其信息一般有名称、数量、重量、价值等，通常关系人各取其一，以为执证、查对之用。转移联单制是国家制定的危险废物管理制度，是针对危险废物在转移、运输、处置过程中采取的监管措施，目的是掌控危险废物的动态流向，掌握危险废物的动态变化，预防危险废物污染的扩散。根据《固废法》第八十二条规定，转移危险废物的，应当按照国家有关规定填写、运行危险废物电子或者纸质转移联单。

危险废物电子标签是一种应用于危险废物处理和管理的信息化技术产品，通过为危险废物贴上电子标签，可实现对危险废物的追踪、监控和管理。与传统的纸质标签相比，电子标签具有更高的信息存储密度、更强的抗干扰能力和更长的使用寿命，能够更好地满足现代环保事业的需求（图6-15）。

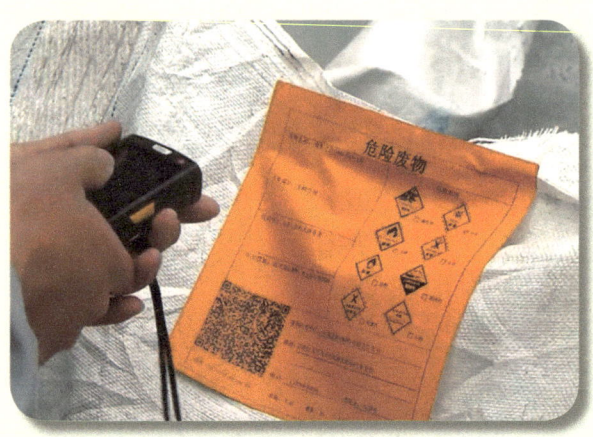

图6-15　危险废物电子标签

固体废物交易平台

借助信息化手段，畅通城市多源固体废物的利用处置渠道也变得更加快捷。以东莞市工业固体废物网上交易平台为例，产废企业可通过平台发布交易信息，相较于传统线下招商模式，平台为企业开辟了更为广阔的销售渠道，确保了竞价交易的公正性；对于回收处置企业而言，平台提供了丰富的固体废物交易公告信息，使其能够在平等的市场环境中获得更多交易机会；管理部门则通过平台的多方共管机制，进一步完善了固体废物的管理体系，实现了政府、产废企业和回收处置企业三方共赢的局面（图6-16）。

图6-16　东莞市工业固体废物网上交易平台

下篇

"无废城市"场景应用篇

通过前面章节的深入学习，我们全面把握了"无废城市"建设的核心理念及其在工业、生活、建筑、农业、交通等领域的具体实践措施，深刻理解了"无废城市"建设对于促进资源高效循环利用、减轻环境压力、促进产业升级、推动生态文明建设的重大意义。在此基础上，为了真正实现"无废城市"的愿景，我们还需要进一步探讨如何激发广大公民参与"无废城市"建设的积极性与创造力。

布展 / 撤展

展览中

看展去喽!

第七章

"无废城市"五大应用场景

目前，生态环境领域已有《公民生态环境行为规范十条》（以下简称"《公民十条》"）等公众指引，引领公民践行生态环境保护义务和责任，做生态文明理念的积极传播者和模范践行者。《公民十条》包括关爱生态环境、节约能源资源、践行绿色消费、选择低碳出行、分类投放垃圾、减少污染产生、呵护自然生态、参加环保实践、参与环境监督、共建美丽中国等十个条目，切实反映了生态文明理念的内涵和要求，体现了国家对于生态环境保护的重视和决心，也展现了公民对于美丽中国的期待和愿景。

"无废城市"建设是一个涉及广泛领域和多元主体的系统工程，在《"无废城市"五大应用场景》这一章，我们将基于已有的生态环境领域公众参与指南，探讨公众参与"无废城市"建设的路径，聚焦会展、赛事、快递、酒店、景区等不同场景，分析"无废城市"建设公众参与的多角色、多场景应用，推动无废理念深入人心，形成全社会共同参与"无废城市"建设的良好氛围。

生活场景千百种，绿色环保藏心中，携手同行趣无穷，"无废"建设圆绿梦！

一 "无废城市"建设公众参与十条

公众参与"无废城市"建设可以先从身边的点滴小事做起，聚沙成塔，共同努力营造出丰富的"无废文化"氛围，形成节俭的生活习惯，使身边的各类固体废物越来越少、周围的环境日益干净整洁……"无废"一身轻，大家一起来试一试吧！

第一条 光盘行动，拒绝"剩"宴。积极倡导"文明就餐"，适量点餐取餐，践行"光盘行动"，提倡吃剩打包、拒绝浪费。

第二条 垃圾分类，守护家园。树立"垃圾分类，从我做起"的观念，做好家庭前端分类；将生活垃圾分为厨余垃圾、可回收物、有害垃圾、其他垃圾四类，分别倒入绿色、蓝色、红色、灰色四种颜色的垃圾桶。

第三条 水电节俭，点滴累积。做到随手关灯、人走灯灭；加入"空调26 ℃"等环保行动，提前20分钟关闭空调，杜绝无人房间空调仍在运转现象；在家中坚持一水多用。

第四条 减塑降碳，绿色生活。在日常生活中减少或不使用一次性筷子、纸杯、塑料制品，如外出时自带水杯，就餐时自带餐具，买菜时自备环保袋、小推车，提高生活用具循环使用效率。

第五条 闲置流转，物尽其用。通过二手交易平台、跳蚤市场等渠道积极参与闲置物品置换交易，使"旧物"变"宝物"；参与共享工具、书籍、衣物等社区共享项目，营造社区居民"绿色生活"的良好氛围。

第六条 绿色消费，优选环保。优先选择高效、环保的产品和服务，拒绝为过度包装买单；优先选购新能源汽车，能效标识2级以上的空调、冰箱、热水器等节能家电；鼓励使用节能门窗、建筑垃圾再生产品等绿色建材和环保装修材料。

第七条 低碳出行，畅享便捷。鼓励"135"绿色出行方式，日常生活以及工作通勤时，1千米以内距离步行，3千米以内距离骑自行车，5千米左右距离乘坐公共交通工具；鼓励选择拼车出行，推动交通行业节能减排。

第八条 文明旅游，留下美好。鼓励使用电子门票、电子宣传折页，减少纸质门票使用；按照景区垃圾分类标识，自觉正确投放垃圾，自带垃圾袋主动回收；鼓励自带水杯，推广"无瓶"行动。

第九条 绿色住宿，简约为美。入住酒店时，提倡自带必备洗漱用品，选择布草续住免换洗，减少每日更新替换产生的浪费。养成节水节电的意识，不开长明灯，离开房间关闭电源和水龙头等。

第十条 绿色办公，高效节源。使用电子邮件、文档等网络通信工具来替代传统纸质文件，提倡双面打印、耗材重复利用，需打印的稿件合理排版，尽可能地减少基础性错误，避免纸张浪费；注意打印机、墨盒、电脑等办公用品的日常维护，减少不必要的损耗和降低用品更新换代频率。

无废城市共筑绿梦： 老莞味　新故事

二　"无废"场景应用

通过系统学习"无废城市"的建设理论，想必大家已经掌握了"无废城市"建设的基本要点。现在，我们可以跟随小E，置身不同场景中一起学习东莞"无废"建设的"参考答案"，看看当"无废"理念跃动在不同场景的舞台上时，是如何引领我们步入更加绿色、可持续的新生活。

学习东莞"无废"建设的同时，我们设置了一个小游戏，在本节内容的图中隐藏了很多感叹号，且感叹号出现的位置便说明其是一种产废小场景，可能会发生产废行为。我们要细心观察，找出图中的感叹号，发现其中的产废行为，并提出相应减废措施，消除感叹号。

让我们一起来玩"感叹号消消乐"小游戏吧！

1. 场景搭建

无论是商业交流、产品展示，还是文化传播、教育普及，会展都以其独特的魅力，成为连接各行各业、推动社会发展的桥梁，参加会展，也已成为人们现代生活中不可或缺的一部分。然而，随着会展的频繁举办，固体废物管理问题也逐渐凸显。目前会展涉及的物料包括地毯、木质框架、金属框架、PVC宣传物料、布质宣传物料、纸质宣传物料、电子显示屏等，每举办一场展会都会消耗大量物料（图7-1）。在大力建设"无废城市"的当下，如何减少布展废料、提高布展物料重复利用率、确保布展废料无害化处置，在发展"无废"会展的实践探索中显得尤为重要。

所谓"无废"会展就是按照"减量化、资源化、无害化"管理原则，将"无废"理念深度融入展会筹备、办展、撤展的全过程、各领域和各环节，推动实现会展产生的固体废物能减尽减、办展物资可用尽用，使固体废物环境影响降至最低的会展管理模式。

2. 案例情景再现

♻ 广东国际汽车展示交易会变身"无废会展"建设样板

2023年国庆期间，广东国际汽车展示交易会在东莞市厚街镇广东现代国际展览中心举行，共有60个汽车品牌、300多家汽车经销商前来参展，5天展期接待近10万名观众。这场声势浩大的"汽车盛宴"变身"无废会展"，打造了东莞"无废会展"建设示范样板。

（1）策展、布展、撤展全过程管理"无废"升级

会展采取线上预约、门票100%电子化方式，参展商通过互联网宣传推广产品等方式，协同减少纸质门票和宣传物料派发。展会上共有58个汽车品牌展位采用了可循环利用的展台桁架，比例高达约97%，且其中大部分展台桁架均通过本地租赁方式获得。撤展过程中，90%的物料将重复在下次展览使用，10%的不可重复使用的废弃宣传纸张、塑料物料将进入再生资源回收体系，有效减少固废产生量和能源消耗（图7-2）。

无废城市共筑绿梦： 老莞味　新故事

图7-1　会展活动典型产废场景

图7-2 可循环利用展台桁架

（2）倡导绿色低碳生活

会展期间产生的生活垃圾经统一收集后，再次进行人工分筛，回收利用率达90%。餐饮区提供可重复使用的餐具，设置厨余垃圾投放点，厨余垃圾分出率高达80%，外带包装也全部使用可降解材料。主办方推广绿色出行方案，据统计，会展期间有超过2600车次公交汽车接送参展旅客，展览中心周边共规范设置共享单车投放点12个，投放共享单车240辆，基本满足参展公众出行需求（图7-3）。

图7-3 绿色展览

新型再生材料亮相国际名家具展览会

2024年8月18日至21日，第52届国际名家具（东莞）展览会、2024东莞国际设计周在广东现代国际展览中心举行，木质再生材料、PVC材质单孔透布等新型环保材料在展会布展时得到充分运用，极大减少了展会固废产生量，为东莞"无废"会展建设做出创新探索。

（1）新型材料多运用，提升布展物料资源化利用空间

会展采用"金属桁架+木质再生材料"搭建方式，使用由木质颗粒资源化利用压制形成的板材搭建展台，在兼顾美观的前提下，实现了布展物料的低碳、环保需求。同时，利用东莞市本土工业产业链，会展采用PVC材质单孔透布材料，一方面提高了透光率，内置光源后展示效果更佳；另一方面降低了拆卸难度，单孔透布拆卸后完整性高，收集转运效率也得到提高，且PVC材质可以作为再生资源进行资源化利用（图7-4）。

图7-4 可再生利用的布展物料

（2）绿色生活常态化

展馆外围设置了交通咨询处及多个咨询点，方便参展群众获取各类公共交通工具的搭乘方式，倡导绿色出行。参展群众可以通过线上预约报名的方式扫码进场，且参观指引全电子化，实现"手机

在手、资讯我有"，在展前、展中、展后都可获得最新的展会信息（图7-5）。

图7-5　绿色出行及电子化预约观展

1. 场景搭建

在当今时代，马拉松赛、自行车赛、篮球锦标赛、龙舟竞渡等各式各样的体育赛事，丰富了民众的文化体育生活，促进了健康生活方式的普及，吸引了成千上万的参与者。然而，随着赛事的频繁举行，固体废物处理问题也日益显著，赛事宣传册、海报、门票等纸质材料的大量印刷和分发，增加了纸张消耗，大量使用的一次性塑料瓶、食品包装、雨衣等，若未得到妥善处理，极易造成塑料污染（图7-6）。

"无废"赛事作为绿色体育的新风尚，将可持续发展理念深度融入体育赛事筹备、举办及赛后处理的全过程。"无废"赛事展现了体育精神与环保理念的完美融合，为推动体育赛事向更加绿色、环保的方向发展树立了典范。

图7-6 赛事活动典型产废场景

2. 案例情景再现

♻ "无废"马拉松

2024年3月24日上午，东莞松山湖科学城半程马拉松鸣枪开跑。为引导公众培养简约适度、绿色低碳、文明健康的生活方式和消费模式，本场赛事首次融入了"无废"主题，集合绿色出行、固废减量、垃圾分类等概念，打造"无废马拉松，绿动松山湖"活动品牌（图7-7）。

图7-7 "无废"马拉松

（1）宣传造势，传播"无废"理念

组委会在赛前发布了一则倡议书，呼吁参赛选手践行"无废"理念，赛前开展"无废你我行，绿动松湖美"系列科普宣传活动，通过视频展播和互动游戏加深公众对"无废城市"的了解。组委会通过官方微信公众号发布电子参赛指南、秩序册，倡导选手自带水杯，在赛中补给点提供15万个可回收利用的纸杯替代一次性塑料制品，从源头降低固体废物产生量（图7-8）。

图7-8 使用可回收利用纸杯

（2）倡导节能减排

在交通出行方面，组委会倡导工作人员和参赛人员采取骑行、公共交通等出行方式，赛事接驳、引导、直播等车辆也均使用新能源汽车；在垃圾分类方面，赛前组委会在赛道沿线补给站放置了垃圾分类桶并提供了清运作业保障力量，确保垃圾有序分类投放；赛程中安排了垃圾收运车辆开展沿途清运，确保垃圾及时清理；完赛后集中保洁力量逐段进行地毯式清理，快速完成垃圾清理收尾工作。

♻ 自行车骑行嘉年华

在世界地球日来临之际，2024年粤港澳大湾区"香港赛马会杯"自行车骑行嘉年华（东莞·黄江站）在黄江镇黄牛埔森林公园举行（图7-9）。比赛将"无废"理念融入赛前筹备、赛中举办、赛后利用全过程、各领域、多环节，推动"无废城市"建设向纵深发展。

图7-9 自行车骑行嘉年华现场

（1）采用可循环利用材料进行布置

活动现场的布置100%采用可循环利用的钢架结构进行搭建，20个宣传摊位的基础框架结构全部采用金属材料，顶棚采用防水布料，这些物料均可在下次活动中循环使用，从源头减少了固体废物的产生。

（2）科普宣传与回收利用

活动现场利用旧报纸、废旧宣传牌搭建"无废"小屋科普站，通过有奖竞答的方式向参加活动的群众开展"无废城市"宣传（图7-10）；向参赛者派发可循环使用的购物袋，呼吁大家随手带走垃圾，减少使用一次性塑料制品；增设"空瓶换礼"活动，号召大家将矿泉水瓶、饮料瓶合理回收换取纪念品。

图7-10 "无废城市"宣传

3 "无废"快递

1. 场景搭建

快递作为现代生活不可或缺的一部分，其便捷性与高效性极大地丰富了我们的生活方式并提升了我们的生活品质。我国快递包装材料以瓦楞纸箱和塑料袋为主，根据调查研究，纸箱类快递包装约占44.03%（按件数计），塑料袋类包装约占33.5%，套袋纸箱约占9.47%，其他包装材料主要是编织袋（不包括快递中转编织袋）、泡沫箱和文件袋等。随着快递量的激增，其背后的固体废物环境污染问题也日益凸显，要有效解决这一问题，需要政府、电商、包装企业、运输公司及消费者等各方共同努力（图7-11）。

绿色快递、"无废"快递不仅是对传统快递模式的一次环保升级，更是对可持续发展理念的积极响应。通过采用环保材料、优化物流流程、推动包装循环利用等措施，减少快递对环境的影响，实现经济效益与环境保护的双赢，引领快递行业向更加环保、可持续的方向迈进。

2. 案例情景再现

东莞市加快推进快递绿色包装和循环利用，引导邮政快递企业深入推进可循环快递包装应用，减少胶带纸、拉链等易耗材料的使用，同时制定《东莞市邮政快递业生活垃圾分类工作实施方案》。在推进绿色网点和绿色分拨中心试点建设的基础上，叠加开展生活垃圾分类示范点建设，指导邮政快递企业做好制度建立、收运处理、台账登记、宣传培训等工作。

（1）低碳高效，优化寄递运输体系

推动邮政快递企业加快淘汰高能耗、高排放老旧运输设备，更新替换为新能源和清洁能源车辆，2023年，东莞顺丰置换新能源车48辆，租用新能源中转车20辆；积极探索无人机应用，发展低空经济，丰翼科技已开通深圳市宝安区到东莞市沙田镇的运输航线，通过"即时响应+无人机运输+上门送达"的运输模式，极大提升了快

第七章
"无废城市"五大应用场景

图7-11 快递物流行业典型产废场景

递时效，降低了物流成本。同时还可以将无人机运输拓展到医疗救助、城市管理、应急救援、安防巡检、地图测绘等领域，为城市服务体系提供有力支撑（图7-12）。

图7-12　丰翼无人机运单

（2）循环利用，提高包装复用效能

东莞市邮政分公司针对市内单位特殊需求，推出了循环箱专递服务，采用可降解材料量身定制多种专用箱和快盘，并建立了完善的回收体系，不仅解决了政府部门和企事业单位的文件、证件、档案、凭证、票据等重要资料的安全流转问题，还在运输过程中实现了物流容器的重复使用，有效减少了快递包装废弃物的产生。东莞联昊通速递通过周转箱的循环使用及内部专用渠道回收方式来减少快递包装的使用，截至2023年，该公司共投入周转箱3416个，投入金额超23万元，并还在持续投入中。

（3）技术改造，提升寄递服务体验

东莞菜鸟驿站推广以可循环使用的"智慧灯条"替代用小票打印纸打印的粘贴取件码，降低快递行业固废产生量（图7-13）。驿站工作人员在入库操作时给每件快件挂上灯条并关联上快件单

图7-13　菜鸟驿站取件"智慧灯条"

号，消费者取件时只需要扫码或者在设备输入手机号码，对应快件的灯条就会闪烁并发出提示音。为了区分不同消费者的快件，灯条还会发出不同颜色的光，同时平台会提示消费者其快件对应灯条的亮灯颜色与亮灯时长倒计时。

4 "无废"酒店

1. 场景搭建

随着消费文化的不断丰富，酒店已经成为重要消费场所，但是，酒店在为消费者提供服务的同时，也产生了大量生活垃圾、餐厨垃圾等固体废物（图7-14）。

"无废"酒店向员工和消费者普及"无废"理念，积极引导绿色生活新风尚。在餐厅，倡导、提醒客人践行"光盘行动"，不主动提供一次性餐具，针对餐厨垃圾进行资源化利用或委托第三方清运处理。对于含住宿业务的酒店，客房不主动提供一次性洗漱用品，提倡棉织品一客一换，淘汰的旧家具等大件垃圾和废弃电视等电子产品不随意丢弃，采取合理的处理渠道进行处理。

2. 案例情景再现

东莞塘厦三正半山温泉酒店通过创建"无废"酒店，既履行了企业的社会责任、环保责任，同时在成本管控、节能降耗方面也取得了明显成效。

（1）积极落实垃圾分类基础工作

酒店为了创造优美舒适的居住环境，建立了分类投放、分类收集、分类运输、分类处理的垃圾处理系统，同时积极利用酒店宣传

无废城市共筑绿梦： 老莞味 新故事

图7-14 酒店典型产废场景

栏、电子屏幕、横幅、电梯广告、微信群、客房电视等多种媒介，广泛开展生活垃圾分类宣传，组织开展生活垃圾分类业务培训（图7-15）。

图7-15 垃圾分类宣传及培训

（2）倡导节约、绿色生活理念

酒店利用公共区域电子屏幕、客房电视、客房指引牌等多种媒介进行宣传，提升客人及员工的绿色环保理念；引导客人及员工使用环保袋，减少使用一次性用品；酒店客房及餐厅不主动提供一次性用品，提供的沐浴洗漱用品均采用环保可降解材质，并鼓励客人带回家中继续使用；餐厅提供的打包餐具采用环保可降解材质（图7-16）。

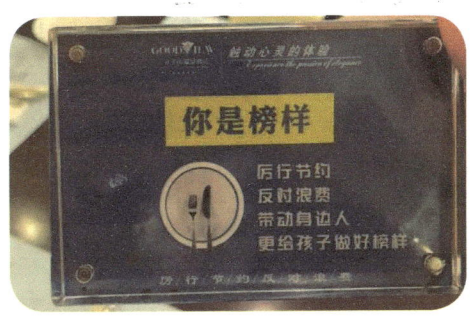

图7-16 绿色生活理念

（3）进行技术改造，全方位实施节能减排

酒店持续深挖各项节能管控措施，有计划地进行采购，并对工程设备进行节能降耗技术改良。客房空调采取联动控制机制，打开窗户时空调自动关闭；采用智能化热水供应设备，使用空气能热泵等技术，在保证舒适的前提下最大力度节能减耗；改造厨房灶具，采用节能炉具等节能产品；对中央空调主机进行智能化改造，采用磁悬浮技术的中央空调以减少能耗（图7-17）。

（a）空气热泵

（b）节能炉灶

图7-17 通过技术改造实施节能减排

（4）蓝线指引，绿色出行

酒店园区面积较大，交通动线较为复杂，较多客人选择乘坐酒店的电瓶车前往温泉区，这样虽然方便，但是会增加车辆用电及人工成本等。为了既方便客人，又倡导绿色出行、健康生活，酒店

专门在地面划设一条蓝色指引线，客人仅需要沿着蓝线指引即可顺利到达温泉区，小小的改进既方便了客人，也倡导了绿色健康的生活方式（图7-18）。

⑤ "无废"景区

1. 场景搭建

随着生活水平的显著提升，人们对探索世界、享受自然的热情日益高涨，旅游

图7-18 蓝线指引，绿色出行

已成为现代人休闲娱乐、拓宽视野的重要方式。从历史悠久的文化遗迹到风景如画的自然风光，这些旅游景点吸引着无数国内外游客游玩观赏。然而，在这股旅游热潮的背后，塑料袋、饮料瓶、食品包装等一次性用品在给人们带来便利的同时，也成了景区难以承受之重，给景区管理带来了极大的挑战（图7-19）。

随着环保意识的不断提高，人们对旅游景区的环保要求也越来越高。现在全国很多景区也在积极行动，把"无废"的理念与景区自身的实际情况相融合，以倡导"无废"生活方式和绿色、低碳、环保、健康的生活理念为主，通过景区固体废弃物源头减量、资源化利用及无害化处理，从而使固体废弃物对环境的影响降至最低。

2. 案例情景再现

♻ **东莞市科学技术博物馆**

（1）旅游商品绿色包装

东莞市科学技术博物馆（也称"东莞科技馆"）内的固定购物

无废城市共筑绿梦： 老莞味　新故事

图7-19　景区典型产废场景

点设在游客中心，主要销售科技馆明信片、《科技馆之旅》书籍及馆内自制的木质打标作品、3D打印品、翻身陀螺等纪念品，均不提供包装和塑料袋。

（2）门票、宣传材料无纸化

东莞市科学技术博物馆自2020年5月开始推行微信公众号线上购票，游客凭线上购票二维码扫码进场，减少纸质门票的使用。博物馆官网和微信公众号均有馆内详情介绍，游客可通过这两个渠道查看博物馆VR全景和各展厅详细内容（图7-20）。

图7-20 线上购票及查看展馆介绍

（3）宣传培训

东莞市科学技术博物馆设有"无废"景区建设专用的宣传栏，宣传栏上张贴有官方发布的宣传海报及标语，并会及时更换或补充宣传内容；馆内设有LED大屏和广告机，长期播放"无废东莞"官方发布的宣传海报，加大宣传"无废"景区的力度；博物馆还会以趣味小课堂、科普剧、展览、探究等活动形式开展"创建'无废'

景区"相关主题的科普活动,向游客宣传"无废"景区相关理念(图7-21)。

图7-21 "无废"宣传及科普活动

三 "无废"场景延伸

"无废"场景千百种,亲爱的读者朋友们,通过了解以上5种场景,你还能想出更多的"无废"场景吗?接下来,我们将以"无废"学校、"无废"办公室为延伸场景进行简单介绍并提出问题,带领大家作出更多的想象延伸!

第七章
"无废城市"五大应用场景

在"无废城市"建设中,学校扮演着至关重要的角色。作为教育与文化传播的重要场所,学校不仅是知识技能的传授地,更是培养公民环保意识和绿色生活习惯的前沿阵地。从教学材料的印制与分发,到实验材料的使用与废弃,再到师生日常生活产生的餐厨垃圾、包装废弃物等,学校日常活动累积起来的固体废物量极为可观(图7-22)。通过将无废理念融入课程设置、校园文化及日常管理,能有效提升学生的环保意识和参与度,带动学生参与到废物分类、资源回收、节能减排等实际行动中。同时,学校还能作为示范点,引领周边社区乃至更广泛的社会群体参与到"无废城市"的建设中来。

城市给人们提供了众多的就业机会,人们在这里生活、工作。办公室是人们工作的主要场所,每天,无数的人进入各式各样的办公环境,在这里思考、交流与创造,实现个人职业发展、促进社会发展进步。但在办公室,工作人员使用的桌椅、电脑、纸质用品等都有可能变成废弃物造成大量的资源浪费(图7-23),那么该如何引导职业人员施行减废行为,又该如何针对办公场所采取合理的废物回收利用措施呢?

大家可以展开想象,想想社会生活中还存在哪些产废场景,哪些又是自己可能会接触到的。还记得"感叹号消消乐"小游戏吗?除图中已有的产废场景,读者朋友们可以根据自己生活、工作的场所找出新的产废场景,参考本书的"场景搭建"与"案例情景再现"形式,表述自己发现的产废场景及解决措施。和身边的人一起来玩"感叹号消消乐"小游戏吧!

无废城市共筑绿梦： 老莞味　新故事

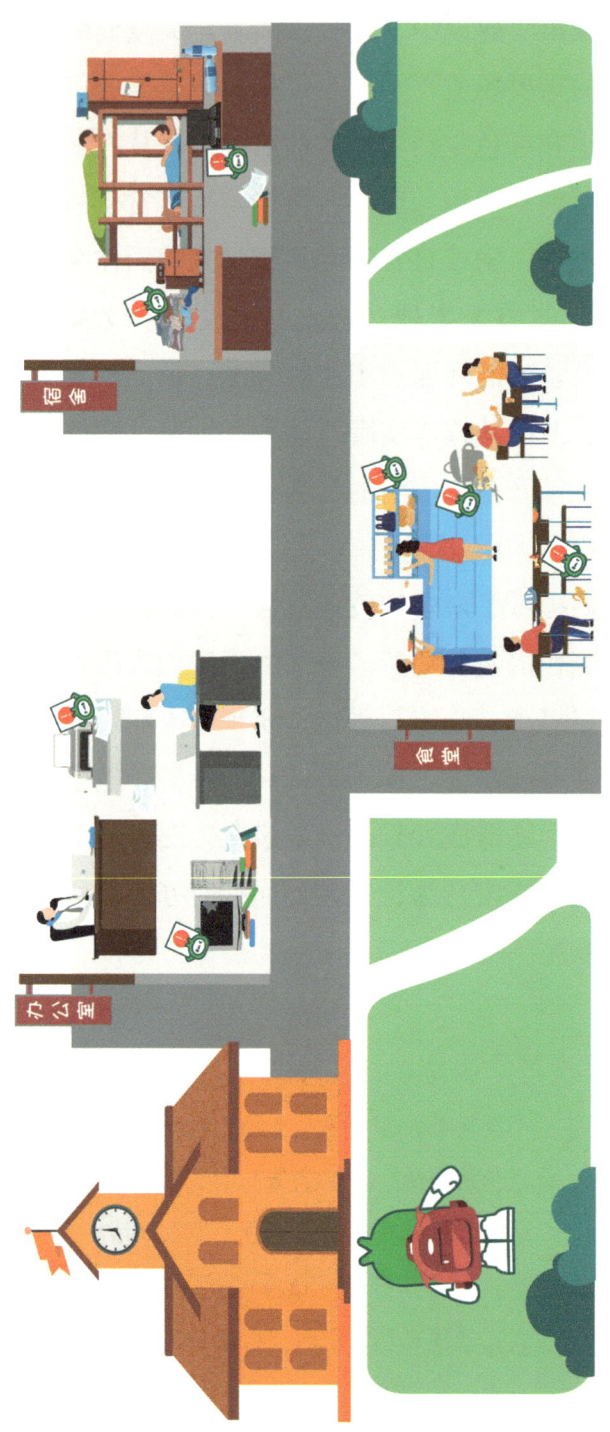

图7-22　学校典型产废场景

第七章 "无废城市"五大应用场景

图7-23 办公室典型产废场景

参考文献

[1]李干杰.开展"无废城市"建设试点提高固体废物资源化利用水平[J].环境保护，2019（2）：2.

[2]李玉爽，李金惠.国际"无废"经验及对我国"无废城市"建设的启示[J].环境保护，2021，49（6）：7.

[3]黄启飞，赵彤，周奇，等."无废城市"建设中大宗工业固体废物资源化技术路径研究[J].环境保护，2024，52（14）：23-29.

[4]李静，潘永刚，孙书晶，等.2016—2021年我国危险废物环境管理及市场变化研究[J].环境保护，2022（017）：050.

[5]全国城镇环境卫生标准化技术委员会.生活垃圾分类标志：GB/T 19095—2019[S].北京：中国标准出版社，2019.

[6]齐继红.城市污泥资源化利用生产烧结砖的途径[J].砖瓦，2021（5）：4.

[7]周誉东.固废法执法检查：以法治力量守护绿水青山[J].中国人大，2022（03）：20.

[8]加拿大Slave Lake Pulp浆厂利用制浆废水生产生物质能源[J].中华纸业，2020，41（02）：84-85.

[9]蒋梦璐，钟世禄.面向家具智能制造车间的数字化工厂构建[J].家具，2023，44（4）：108-112.

[10]江洪，李晓南，高倩，等.生物基材料研发态势分析[J].中国生物工程杂志，2024，44（1）：142-151.

[11]程多威.推动绿色低碳循环发展，把握"三化"之间的关系

[J].环境经济，2021，000（019）：54-58.

[12]李砚.危险废物刚性填埋库结构设计浅析[J].城市道桥与防洪，2023（10）：272-275.

[13]马超，冯印成，赵康，等.我国矿产资源型城市"无废城市"建设路径探索[J].中国环境科学，2024，44（09）：5077-5084.

[14]施金花.新《固废法》下的生产者责任延伸制度完善研究[J].江南论坛，2022（9）：57-60.

[15]欧阳洁，王珂，林丽鹏，等.循环利用，让旧手机变废为宝[J].资源再生，2024（06）：38-41.

[16]马云鹏，周金倩，王岳.一般工业固体废物管理存在的问题及对策[J].再生资源与循环经济，2023，16（9）：20-23.

[17]柏静.造纸污水处理厌氧系统沼气综合利用[J].环境与发展，2020，32（4）：2.

[18]桑宇，乔鹏，薛军.中国不同区域一般工业固体废物现状及展望[J].现代化工，2022（10）：11-17.

[19]刘长兴.中国环境立法年度观察报告（2021）[J].南京工业大学学报：社会科学版，2022，21（2）：95-110.

[20]环境保护部科技标准司.固体废物管理与资源化知识问答[M].北京：中国环境出版社，2015.

[21]中国造纸协会.中国造纸工业2023年度报告[J].造纸信息，2024（05）：6-17.

[22]全国造纸工业标准化技术委员会.再生纸浆：GB/T 43393—2023[S].北京：中国标准出版社，2023.

[23]蔡慧，沙九龙，唐胜德，等.标准助力造纸行业可持续发展——《再生纸浆》国家标准解读[J].中国造纸，2024，43（1）：

1-6.

[24]马玲.摸准"碳足迹"挖掘产业链减碳潜力[N].中国石化报，2024-09-23（008）.

[25]华中生.柔性制造系统和柔性供应链——建模、决策与优化[M].北京：科学出版社，2007.

[26]推进城市生活垃圾分类工作系列报道：垃圾分类：绿色生活方式新时尚[EB/OL].中国城市环境卫生协会，2019-12-27.https：//www.caues.cn/site/content/865.html

[27]HE D Q，WANG L F，JIANG H，et al.A Fenton-like process for the enhanced activated sludge dewatering[J].Chemical Engineering Journal，2015，272：128-134.DOI：10.1016/j.cej.2015.03.034.